LOS ADITIVOS AUTORIZADOS EN LA UNIÓN EUROPEA Y SUS CARACTERÍSTICAS Y APLICACIONES

Inma Cenzano, Javier Madrid y Antonio Madrid

AMV EDICIONES

LOS ADITIVOS AUTORIZADOS EN LA UNIÓN EUROPEA Y SUS CARACTERÍSTICAS Y APLICACIONES

Autores: Inma Cenzano, Javier Madrid y Antonio Madrid
Primera Edición. Año 2024.
ISBN: 978-84-127747-9-5
Imprime: TÓRCULO

AMV Ediciones Calle Almansa, 94, 28040-Madrid
Tel. 915336926 www.amvediciones.com EMAIL:
amadrid@amvediciones.com

Nota: la información que se ofrece en este libro es a título orientativo, y no tiene valor jurídico.

Su lectura es de gran interés para la formación de técnicos y estudiantes en esta materia. Los datos sobre aditivos que se incluyen en este libro pueden cambiar con el tiempo.

Se tratan también algunos aspectos controvertidos por lo que el lector puede discrepar de las opiniones o informaciones manifestadas por el autor.

En este libro se hacen muchas citas textuales de la Unión Europea, Boletín Oficial del Estado (BOE, España), empresas fabricantes, organizaciones profesionales, universidades, revistas, sitios de Internet, etc., por su relevancia dentro del mundo de los aditivos alimentarios.

PRÓLOGO

LOS ADITIVOS AUTORIZADOS EN LA UNIÓN EUROPEA Y SUS CARACTERÍSTICAS Y APLICACIONES

Nuestra editorial está especializada en ciencia y tecnología de los alimentos. Dentro de esta línea, hemos publicado diversos libros sobre los aditivos alimentarios. Pero dado que este es un tema muy cambiante, es necesario actualizar la información cada cierto tiempo.

Siempre hay que tener en cuenta que antes de utilizar un aditivo alimentario hay que consultar a la autoridad competente sobre el tema.

Se estudia en este libro:

- ❖ Razones para la utilización de aditivos en los alimentos.
- ❖ Cada uno de los aditivos, su número de identificación y sus propiedades y los alimentos en los que se puede utilizar.
- ❖ Listas de aditivos autorizados de la Unión Europea.
- ❖ Clasificación de los aditivos (colorantes, antioxidantes, aromatizantes, conservadores, emulgentes, espesantes, etc.)
- ❖ Legislación y normativa sobre aditivos alimentarios.

La información que se ofrece en este libro es a título orientativo. No tiene valor jurídico.

Este libro será de gran interés para todas las industrias agroalimentarias, profesionales del sector, fabricantes de aditivos, organismos oficiales, estudiantes, profesores y cursos de formación.

AGRADECIMIENTOS

En este libro se citan sobre todo fuentes oficiales tales como: Unión Europea, Ministerio de Agricultura de España, Legislación del Boletín Oficial del Estado (BOE, España), universidades, Codex Alimentarius, etc.

También se citan empresas, asociaciones, sitios de Internet, etc.

A todos ellos nuestro agradecimiento.

ÍNDICE

de recubrimiento, humectantes, almidones modificados, gases de envasado, gases propulsores, gasificantes, y secuestrantes.

Capítulo 4
ALGUNOS ADITIVOS Y SUS CARACTERÍSTICAS

1.- Introducción. 2.- E-200 Ácido sórbico y sus derivados E-201 y E-202. 3.- E-210 Ácido benzoico y sus derivados E-211 E-212. 4.- E-214 p-hidroxibenzoato de etilo y derivados (E-215, E-218 y E-219). 5.- E-220 Dióxido de azufre y sulfitos.

Capítulo 5
ADITIVOS UTILIZADOS EN DIVERSOS ALIMENTOS

1.- Aditivos según su destino. 2.- Aditivos para cacao y chocolate. 3.- Aditivos en pan y panes especiales. 4.- Aditivos en pastelería, repostería y galletería. 5.- Productos de confitería. 6.- Aditivos en turrones y mazapanes. 7.- Aditivos para rellenos y cobertura para bollería fina. 8.- Nota final.

Anexo 1
REGLAMENTO (CE) N º 1331/2008 DEL PARLAMENTO EUROPEO Y DEL CONSEJO de 16 de diciembre de 2008 por el que se establece un procedimiento de autorización común para los aditivos, las enzimas y los aromas alimentarios

Anexo 2
REGLAMENTACIÓN TÉCNICO SANITARIA DE ADITIVOS ALIMENTARIOS

Anexo
LIBROS SOBRE CIENCIA Y TECNOLOGÍA DE LOS ALIMENTOS

Capítulo 1 LOS ADITIVOS

1.- Historia y definición

Como consecuencia del rápido aumento de la población a principios del siglo XX, la producción de alimentos pasó de una escala familiar y de limitada producción a un nivel fuerte de producción industrial. Los alimentos producidos en una región determinada se envían a todo el país o a otros países y continentes.

Esto implica que los alimentos y bebidas tardan en llegar al consumidor final, por lo que tienen que ser debidamente conservados. Por estas razones, hicieron aparición en el campo alimentario, los aditivos o sustancias que añadidas a los alimentos en pequeña cantidad aseguran su conservación.

Poco a poco, los aditivos fueron introduciéndose, pasando de ser simples conservantes a productos con los que se trataba de mejorar la apariencia y demás cualidades de un producto para hacerlo más atractivo al consumidor.

Así que los aditivos los podemos definir como:

"Sustancias que se añaden intencionadamente a los alimentos, sin propósito de cambiar su valor nutritivo, con la finalidad de modificar positivamente sus caracteres, técnicas de elaboración, conservación y/o para mejorar su adaptación al uso que se destinen."

Los aditivos, según lo dicho, no son sustancias que posean valor nutritivo, y por lo tanto no se pueden considerar como alimentos ni como ingredientes utilizados en la elaboración de alimentos.

2.- Inocuidad de los aditivos

En un principio se consideraba a los aditivos como sustancias inofensivas, pero con el paso de los años se vio que existían algunos aditivos peligrosos, que podían producir fenómenos tóxicos a largo plazo.

Para paliar esta situación se han estudiado a fondo cada uno de los aditivos empleados en alimentación, para determinar cuáles se pueden utilizar sin utilizar sin peligro. Existe una lista europea de todos los aditivos considerados como admisibles para su uso en la preparación de alimentos.

Serie	Características
COLORANTES Serie E-100 _ E-199	**Sirven para dar color a los alimentos** EJ: caramelo (E-150a) en salsas y refrescos
CONSERVANTES Serie E-200 _ E-299	**Se usan para retrasar el deterioro** EJ: dióxido de azufre (E-220) en frutos secos
ANTIOXIDANTES Serie E-300 _ E-399	**Sirven para que el alimento se conserve en buen estado** EJ: vitamina C (E-300)
EMULGENTES, ESTABILIZADORES, ESPESANTES Serie E-400 _ E-499	**Dan estabilidad a las mezclas de grasas y agua** EJ: lecitina de soja (E-322) para las salsas
REGULADORES DE ACIDEZ (PH), ANTIGRUMOS Serie E-500 _ E-599	**Unos regulan la acidez de los alimentos; otros evitan que las harinas se apelmacen**
POTENCIADORES DEL SABOR Serie E-600 _ E-699	**Se utilizan sobre todo en la comida oriental** EJ: glutamato monosódico (E-621) en sopas
VARIOS Serie E-900 _ E-999	**Hay de distintos tipos, como los edulcorantes o los llamados de revestimiento** EJ: sacarina (E-954) o aspartamo (E-951)

Figura 1.- Algunos aditivos alimentarios y sus funciones.
Fuente: Shelly gross.

Es importante notar la separación que existe entre aditivos, que se añaden intencionadamente a los alimentos, e impurezas que aparecen en los alimentos de forma no intencionada, por diversas causas (proceso de elaboración, mezclas, contaminación, etc.).

3.- Razones para la utilización de los aditivos en los alimentos

En el campo alimentario, los aditivos se utilizan por varios motivos:

A.- *Economía*. En la determinación de los diversos ingredientes que forman un alimento se buscan aquéllos de menor coste, siempre y cuando sea posible mantener la calidad deseada.

B.- *Conservación*. Con la necesidad de enviar los alimentos a sitios distantes de los puntos de producción, fue necesario añadir productos que asegurasen su conservación y estabilidad durante muchos días, e incluso semanas y meses. Existen dos formas de conservación.

- ❖ *Conservación por medios físicos,* como pueden ser la aplicación de frío (congelación, refrigeración) o calor (pasteurización, esterilización) a los alimentos.
- ❖ *Conservación por medios químicos,* que es cuando recurrimos a la incorporación en pequeñas cantidades de sustancias que pueden evitar el deterioro de los alimentos.

Mejora. Las características organolépticas de un alimento (color, olor y sabor) son las que atraen a los consumidores. Los aditivos nos pueden ayudar a conservar o mejorar esas características.

En algunos casos se ha abusado de los aditivos, por ello ha surgido un movimiento de vuelta a los alimentos naturales, sin presencia de aditivos. Es lo que se conoce en la actualidad como ***alimentos ecológicos***.

NOTA: Es muy importante reseñar que toda la información que se da en este capítulo sobre aditivos es solo a título informativo, sin valor jurídico. Antes de utilizar un aditivo, se debe preguntar a la autoridad competente. Es la forma correcta de proceder.

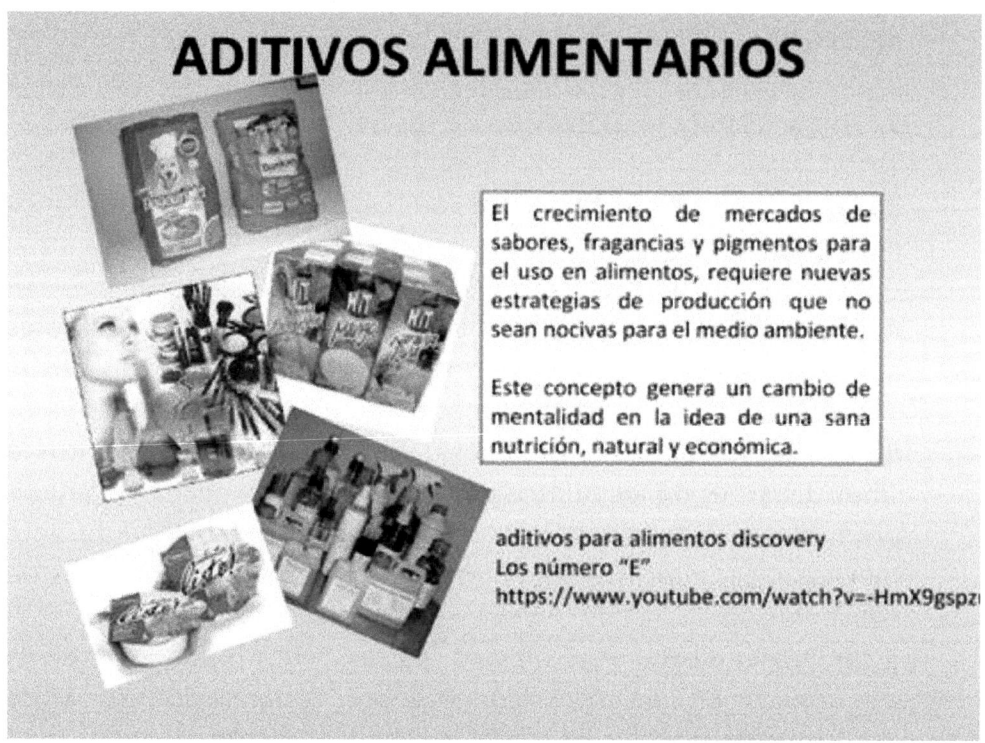

Figura 2.- Algunas consideraciones sobre los aditivos alimentarios. Fuente: issuu.

4.- Clasificación de los aditivos

Los aditivos se suelen clasificar según la función que realizan. Así tenemos:
Colorantes, edulcorantes, conservadores, estabilizantes, antiespumantes, espesantes, humectantes, antioxidantes, gasificantes, etc.

Existen también otros productos que no son realmente aditivos, tales como:

Diluyentes o soportes.

Son sustancias inertes empleadas para disminuir la concentración o servir como vehículo a ciertos aditivos, para permitir su dosificación y empleo. Por ejemplo, algunos colorantes se disuelven en alcohol para su conservación y aplicación.

Coadyuvantes tecnológicos.

Son sustancias que se emplean en la elaboración de alimentos para lograr algún fin tecnológico. Por ejemplo, se emplean bentonitas en la filtración y abrillantamiento de líquidos (cerveza, vino, aceite), por lo que puede quedar alguna traza en el producto final.

Son muchos los coadyuvantes disponibles: agentes de humo (para el ahumado de alimentos), bicarbonato sódico, silicona, hidróxido cálcico, parafinas, ceras (para cortezas de quesos y otros productos), sustancias plásticas, etc. Los coadyuvantes no se consideran aditivos.

Según el Real Decreto 142/2002 sobre aditivos, los podemos clasificar de la siguiente manera:

Nota: *indicar que esta información no tiene valor jurídico. Hay que tener en cuenta que la legislación sobre aditivos cambia constantemente en función de los descubrimientos e investiga-ciones que se van realizando sobre este tema.*

a) Acidulantes: las sustancias que incrementan la acidez de un alimento o le confieren un sabor ácido.

b) Agentes de carga: las sustancias que aumentan el volumen de un alimento sin contribuir significativamente a su valor energético disponible.

c) Agentes de recubrimiento (incluidos los lubricantes): las sustancias que, cuando se aplican en la superficie exterior de un alimento, confieren a éste un aspecto brillante o lo revisten con una capa protectora.

d) Almidones modificados: las sustancias obtenidas por uno o más tratamientos químicos de almidones comestibles, que pueden haber sufrido un tratamiento físico o enzimático y pueden ser diluidos o blanqueados con ácidos o bases.

e) Agentes tratamiento de harina: las sustancias que se añaden a la harina o a la masa panaria para mejorar su calidad de cocción.

f) Antiaglomerantes: las sustancias que reducen la tendencia de las partículas de un alimento a adherirse unas a otras.

g) Antiespumantes: las sustancias que impiden o reducen la formación de espuma.

h) Antioxidantes: las sustancias que prolongan la vida útil de los productos alimenticios protegiéndoles frente al deterioro causado por la oxidación, tales como el enranciamiento de las grasas y los cambios de color.

i) Conservadores: las sustancias que prolongan la vida útil de los productos alimenticios protegiéndolos frente al deterioro causado por microorganismos.

j) Correctores de la acidez: las sustancias que alteran o controlan la acidez o alcalinidad de un alimento.

k) Emulgentes: las sustancias que hacen posible la formación o el mantenimiento de una mezcla homogénea de dos o más fases no miscibles, como el aceite y el agua, en un alimento.

l) Endurecedores: las sustancias que vuelven o mantienen los tejidos de frutas u hortalizas firmes o crujientes o actúan junto con agentes gelificantes para producir o reforzar un gel.

m) Espesantes: las sustancias que aumentan la viscosidad de un alimento.

n) Espumantes: las sustancias que hacen posible formar o mantener una dispersión homogénea de una fase gaseosa en un alimento líquido o sólido.

Figura 3.- Este libro que ha publicado nuestra editorial, ofrece un estudio de los aditivos alimentarios enfocado a cursos de formación sobre este tema.

ñ) Estabilizadores: las sustancias que posibilitan el mantenimiento del estado físico-químico de un alimento. Los estabilizadores incluyen las sustancias que permiten el mantenimiento de una dispersión homogénea de dos o más sustancias no miscibles en un alimento, las sustancias que estabilizan, retienen o intensifican un color existente en un alimento y las sustancias que incrementan la capacidad de enlace de los alimentos, incluida la formación de enlaces cruzados entre las proteínas que permitan la unión de los trozos de alimento en el producto alimenticio reconstituido.

o) Gases de envasado: los gases distintos del aire, introducidos en un envase antes, durante o después de colocar en él un producto alimenticio.

p) Gases propelentes: los gases diferentes del aire que expulsan los alimentos de un recipiente.

q) Gasificantes: las sustancias o combinaciones de sustancias que liberan gas y, de esa manera, aumentan el volumen de la masa.

r) Gelificantes: las sustancias que dan textura a un alimento mediante la formación de un gel.

s) Humectantes: las sustancias que impiden la desecación de los alimentos contrarrestando el efecto de un escaso contenido de humedad en la atmósfera, o que favorecen la disolución de una sustancia sólida en polvo en un medio acuoso.

t) Potenciadores del sabor: las sustancias que realzan el sabor y/o el aroma que tiene un alimento.

u) Sales de fundido: las sustancias que reordenan las proteínas contenidas en el queso de manera dispersa, con lo que producen la distribución homogénea de la grasa y otros componentes.

v) Secuestrantes: las sustancias que forman complejos químicos con iones metálicos.

w) Soportes, incluidos los disolventes soportes, las sustancias utilizadas para disolver, diluir, dispersar o modificar físicamente de otra manera un aditivo alimentario o aromatizante sin alterar su función (y sin ejercer por sí mismos ningún efecto tecnológico) a fin de facilitar su manejo, aplicación o uso.

Conforme al presente Real Decreto, se entiende por «alimentos no elaborados»: aquellos que no han sido sometidos a ningún tratamiento que haya alterado sustancialmente su estado inicial.

No obstante, podrán ser objeto de operaciones tales como de división, partición, troceado, deshuesado, picado, pelado, mondado, despellejado, molido, cortado, lavado, cepillado, ultracongelado o congelado, refrigerado, triturado o descascarado, envasado o sin envasar, sin perder por ello su condición de alimento no elaborado.

Figura 4.- Colorantes para alimentos. Fuente: Amazon.

5.- Clases funcionales de aditivos alimentarios según la Unión Europea

En los reglamentos de la Unión Europea dedicados a es tema ofrecen la siguiente clasificación de los aditivos alimentarios.

"Clases funcionales de aditivos alimentarios usados en alimentos y de aditivos alimentarios usados en aditivos alimentarios y enzimas alimentarias.

1. «Edulcorantes»: sustancias que se emplean para dar un sabor dulce a los alimentos o en edulcorantes de mesa.

2. «Colorantes»: sustancias que dan color a un alimento o le devuelven su color original; pueden ser componentes naturales de los alimentos y sustancias naturales que normalmente no se consumen como alimentos en sí mismas ni se emplean como ingredientes característicos de los alimentos. Se considerarán colorantes en el sentido del presente Reglamento los preparados obtenidos a partir de alimentos y otros materiales comestibles naturales de base mediante una extracción física, química, o física y química, conducente a la separación de los pigmentos respecto de los componentes nutritivos o aromáticos.

3. «Conservadores»: sustancias que prolongan la vida útil de los alimentos protegiéndolos del deterioro causado por microorganismos o que protegen del crecimiento de microorganismos patógenos.

4. «Antioxidantes»: sustancias que prolongan la vida útil de los alimentos protegiéndolos del deterioro causado por la oxidación, como el enranciamiento de las grasas y los cambios de color.

5. «Soportes»: sustancias empleadas para disolver, diluir, dispersar o modificar físicamente de otra manera un aditivo alimentario, un aromatizante, una enzima alimentaria o un nutriente u otra sustancia añadidos a un alimento con fines

nutricionales o fisiológicos sin alterar su función (y sin tener por sí mismas ningún efecto tecnológico), a fin de facilitar su manipulación, aplicación o uso.

6.«Acidulantes»: sustancias que incrementan la acidez de un producto alimenticio o le confieren un sabor ácido, o ambas cosas.

7.«Correctores de la acidez»: sustancias que alteran o controlan la acidez o alcalinidad de un producto alimenticio.

8.«Antiaglomerantes»: sustancias que reducen la tendencia de las partículas de un producto alimenticio a adherirse unas a otras.

9.«Antiespumantes»: sustancias que impiden o reducen la formación de espuma.

10.«Agentes de carga»: sustancias que aumentan el volumen de un producto alimenticio sin contribuir significativamente a su valor energético disponible.

11.«Emulgentes»: sustancias que hacen posible la formación o el mantenimiento de una mezcla homogénea de dos o más fases no miscibles, como el aceite y el agua, en un producto alimenticio.

12.«Sales de fundido»: sustancias que reordenan las proteínas contenidas en el queso de manera dispersa, con lo que producen la distribución homogénea de la grasa y otros componentes.

13.«Endurecedores»: sustancias que vuelven o mantienen los tejidos de frutas u hortalizas firmes o crujientes o actúan junto con agentes gelificantes para producir o reforzar un gel.

14.«Potenciadores del sabor»: sustancias que realzan el sabor o el aroma, o ambos, de un producto alimenticio.

15.«Espumantes»: sustancias que hacen posible formar una dispersión homogénea de una fase gaseosa en un producto alimenticio líquido o sólido.

16.«Gelificantes»: sustancias que dan textura a un producto alimenticio mediante la formación de un gel.

17.«Agentes de recubrimiento» (incluidos los lubricantes): sustancias que, cuando se aplican en la superficie exterior de un producto alimenticio, confieren a este un aspecto brillante o lo revisten con una capa protectora.

18.«Humectantes»: sustancias que impiden la desecación de los alimentos contrarrestando el efecto de una atmósfera con un grado bajo de humedad, o que favorecen la disolución de un polvo en un medio acuoso.

19.«Almidones modificados»: sustancias obtenidas por uno o más tratamientos químicos de almidones comestibles, que pueden haber sufrido un tratamiento físico o enzimático y ser diluidas o blanqueadas con ácidos o bases.

20.«Gases de envasado»: gases, distintos del aire, introducidos en un recipiente antes o después de colocar en él un producto alimenticio, o mientras se coloca.

21.«Gases propelentes»: gases diferentes del aire que expulsan un producto alimenticio de un recipiente.

22.«Gasificantes»: sustancias o combinaciones de sustancias que liberan gas y, de esa manera, aumentan el volumen de una masa.

23.«Secuestrantes»: sustancias que forman complejos químicos con iones metálicos.

24. «Estabilizantes»: sustancias que posibilitan el mantenimiento del estado físico-químico de un producto alimenticio; incluyen las sustancias que permiten el mantenimiento de una dispersión homogénea de dos o más sustancias no miscibles en un producto alimenticio, las que estabilizan, retienen o intensifican el color de un producto alimenticio y las que incrementan la capacidad de enlace de los alimentos, en especial el entrecruzamiento de las proteínas, que permite unir trozos de alimento para formar un alimento reconstituido.

25. «Espesantes»: sustancias que aumentan la viscosidad de un alimento.

26. «Agentes de tratamiento de las harinas»: sustancias, distintas de los emulgentes, que se añaden a la harina o a la masa para mejorar su calidad de cocción.

Capítulo 2 CARACTERÍSTICAS Y APLICACIONES DE LOS ADITIVOS ALIMENTARIOS

1.- Introducción

En este capítulo vamos a describir las características y las funciones de los aditivos (colorantes, conservantes, etc.) utilizados en los alimentos.

2.- El color y los colorantes en los alimentos

El color observado en los cuerpos depende del tipo de radiaciones absorbidas o reflejadas al recibir un haz de rayos de luz blanca (Figura 1). Por ello, el color se puede definir como la impresión que produce en la vista la luz reflejada por un cuerpo.

Si un cuerpo absorbe todos los colores, sin reflejar ninguno, aparece como negro a nuestra vista. Si por el contrario, refleja todos los colores, aparecerá como blanco. Si solo refleja un color y absorbe todos los demás, aparece a nuestra vista de ese color reflejado. Los colores los podemos clasificar como:

- *Cromáticos* (rojo, anaranjado, amarillo, verde, azul, añil y violeta) que son los colores del arco iris.
- **No cromáticos**, que son el blanco, negro y gris.

Los colorantes son sustancias que añadidas a otras les proporcionan, refuerzan o varían el color. Los colorantes son utilizados por el hombre desde los tiempos más remotos como aditivos para sus alimentos.

En un principio se usaron colorantes extraídos de plantas (clorofila, carotenos) e incluso minerales (lacas, sulfato de cobre). En la actualidad se emplean mucho colorantes artificiales o sintéticos, llamados así por ser obtenidos por procedimientos químicos.

Los colorantes artificiales son muy utilizados por sus excelentes propiedades:

- Proporcionan un color persistente.
- Ofrecen colores variados y uniformes.
- Ofrecen colores de la intensidad que se desee.
- Son de alta pureza y bajo coste.
- Se pueden obtener en grandes cantidades.

Hay colorantes solubles en agua, otros en las grasas y por último insolubles. Los colorantes se utilizan en los alimentos por varias razones:

- Dar un color uniforme. Por ejemplo, el zumo de naranja tiene un color distinto según variedades de naranja, estado de madurez, época del año, etc. Por ello si se pretende comercializar zumo de naranja natural en atractivos envases de cristal, sería necesario utilizar un colorante que asegure un color uniforme en todas las botellas.
- Realzar el color natural. Por ejemplo, si se quiere hacer un yogur de fresa, para darle un color fuerte y atractivo no basta con la adición de fresas naturales, ya que su color se diluirá mucho en la mezcla. Es necesario reforzarlo.
- Ocultar algún defecto. Salvo en casos muy leves, no se deben utilizar colorantes con este propósito.

Figura 1.- La luz blanca se descompone al pasar por un prisma. En la parte derecha de esta figura tenemos las ondas electromagnéticas que percibe el ojo humano. Un nanómetro es la milmillonésima parte de un metro.

Tabla 1.- Colorantes utilizados en los alimentos, con su número de identificación. Fuente: milksci.unizar.es

Nota: *antes de utilizar cualquier aditivo en cualquier alimento, se debe consultar a la autoridad competente para ver si está autorizado.*

Colorante con su código identificativo	Colorante con su código identificativo
E 100 Curcumina	E 150c Caramelo amónico
E 101 Riboflavina	E 150d Caramelo de sulfito amónico
E 101a Riboflavina-5-fosfato	E 151 Negro brillante BN
E 102 Tartracina	E 153 Carbón medicinal vegetal
E 104 Amarillo de quinoleína	E 154 Marrón FK
E 110 Amarillo anaranjado S, amarillo ocaso FCF	E 155 Marrón HT
E 120 Cochinilla, ácido carmínico	E 160 a Alfa, beta y gamma caroteno
E 122 Azorrubina	E 160 b Bixina, norbixina, rocou, annatto
E 123 Amaranto	E 160 c Capsantina, capsorubina
E 124 Rojo cochinilla A , Ponceau 4R	E 160 d Licopeno
E 127 Eritrosina	E 160 e Beta-apo-8'-carotenal
E 128 Rojo 2G	E 160 f Ester etílico del ácido beta-apo-8'-carotenoico
E 129 Rojo Allura AC	E 161 Xantofilas
E 131 Azul patentado V	E 161 b Luteína
E 132 Indigotina, carmín de índigo	E 161 gCantaxantina
E 133 Azul brillante FCF	E 162 Rojo de remolacha, betanina
E 140 Clorofilas	E 163 Antocianinas
E 141 Complejos cúpricos de clorofilas y clorofilinas	E 170 Carbonato cálcico
E 142 Verde ácido brillante BS , verde lisamina	E 171 Bióxido de titanio
E 150a Caramelo natural	E 172 Oxidos e hidróxidos de hierro
E 150b Caramelo de sulfito cáustico	E 173 Aluminio
	E 174 Plata
	E 175 Oro
	E 180 Litol-rubina BK

Estos son los códigos de la Unión Europea. Los que no llevan la letra E delante, no son admitidos.

Normalmente los colorantes se comercializan en polvo, siendo necesaria su posterior disolución y mezcla con el alimento.

En el caso de los colorantes solubles en agua, se debe proceder a su disolución en agua muy caliente. De este modo, si el colorante está contaminado por microorganismos, éstos son destruidos por el calor.

Si la disolución de colorante no es utilizada toda en el mismo día de su preparación, se debe enfriar e incluso agregar un agente conservante (por ejemplo 0,1 % de benzoato sódico), para evitar el crecimiento de microorganismos que podrían contaminar al producto. Entre los diluyentes de colorantes tenemos: agua, aceites alimentarios, almidones, etanol, dextrinas, gelatinas, glicerina, glucosa, grasas alimentarias, lactosa, pectinas, sacarosa, cloruro sódico, ácido cítrico, ácido láctico, etc.

3.- Agentes aromáticos

Los agentes aromáticos son sustancias que proporcionan y potencian el olor y el sabor de los alimentos.

Los mecanismos por lo que percibimos el olor y sabor de los alimentos son complicados e intervienen tanto el olfato y el gusto, como las terminaciones nerviosas y el cerebro.

En el caso del olor, el órgano receptor (la nariz) tiene una mucosa que, a través del nervio olfativo, transmite los olores al centro de la corteza cerebral correspondiente, quien por su parte analiza e interpreta la información recibida, produciéndonos la sensación correspondiente (agradable, desagradable, olor a fresa, limón, vainilla, etc.).

En el caso del sabor, al introducir el alimento en la boca, las papilas del gusto, que están situadas en ella y en la lengua, llevan unas terminaciones nerviosas que en presencia de la humedad suficiente, transmiten unos estímulos al cerebro, donde son analizados e interpretados, produciéndonos las sensaciones correspondientes (dulce, amargo, ácido, salado).

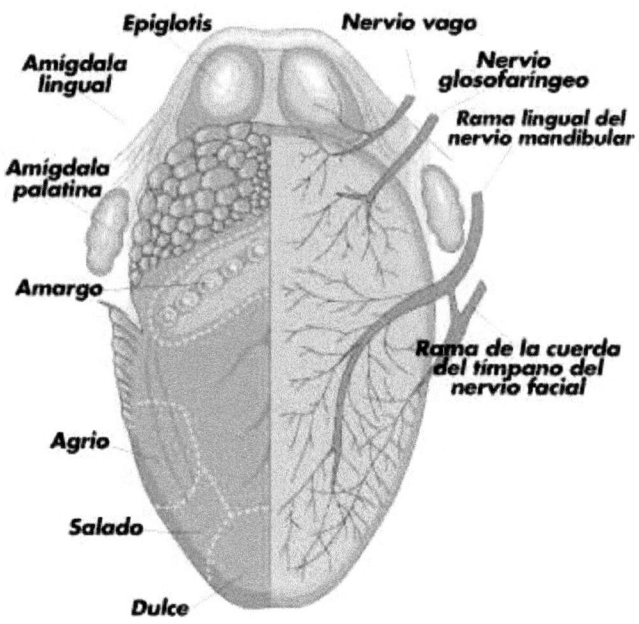

Figura 2.- Localización en la lengua de los sabores amargo, agrio, salado y dulce.

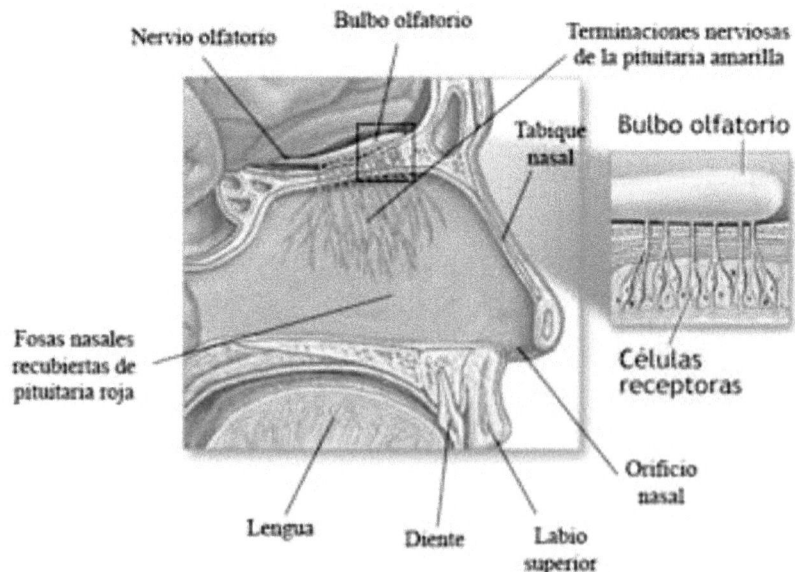

Figura 3.- La nariz y el olfato. Localización del bulbo olfatorio.
Fuente: Profesor en línea.

Cuando se padece catarro nasal, la habilidad para percibir olores y sabores queda bastante disminuida. Otros factores que también influyen de manera desfavorable son el tabaco, la ingestión de drogas, el alcohol, etc.

Es impresionante la capacidad que tiene nuestro sentido del olfato para percibir armas.

Podemos llegar a percibir y diferenciar más de 10.000 aromas.

Los aromas son sustancias químicas volátiles que llegan a nuestra nariz por el aire y que percibimos al inspirar. Los seres humanos tenemos entre 20 y 30 millones de células olfativas. Estas células tienen en su parte inferior unas dos docenas de filamentos (cilios). Estos cilios transforman las señales químicas recibidas en señales eléctricas que llegan al cerebro para determinar la sensación olfativa correspondiente.

Igual ocurre con el sentido del gusto, que es capaz de detectar sabores a concentraciones muy bajas.

Existen aromas naturales y artificiales. Ejemplo de los naturales tenemos la naranja y el limón, en cuya corteza existen unos aceites esenciales de alto poder aromático.

Los aromas artificiales son muy utilizados en la actualidad por varias razones:

- Tienen un alto poder aromatizante, bastando unas dosis muy pequeñas para conseguir el efecto deseado.
- Son más baratos que los aromas naturales.
- Son más persistentes que los aromas naturales.

La lista de aromatizantes es muy lugar (aroma a fresa, limón, manzana, pera, plátano, vainilla, etc.).

También existen sustancias potenciadores del sabor como vemos en la Tabla 2.

Las sustancias aromatizantes deben utilizarse a la dosis mínima necesaria para conseguir el efecto buscado.

Además de los cuatro sabores básicos (dulce, amargo, agrio y salado) existen otros tales como astringente, metálico, alcalino, picante, etc.

Igualmente, los aromas se pueden clasificar según su olor: afrutados, balsámicos, fétidos, repulsivos, a ajo, etc.

Tabla 2.- Sustancias potenciadoras del sabor de los alimentos. Fuente: milksci.unizar.es

Nota: antes de utilizar cualquier aditivo en cualquier alimento, se debe consultar a la autoridad competente para ver si está autorizado.

Potenciador del sabor	Número de identificación
Acido L-glutámico	E 620 Acido L-glutámico
Glutamato monosódico	E 621 Glutamato monosódico
Glutamato monopotásico	E 622 Glutamato monopotásico
Glutamato cálcico	E 623 Glutamato cálcico
Glutamato amónico	E 624 Glutamato amónico
Glutamato magnésico	E 625 Glutamato magnésico
Ácido guanílico	E 626 Acido guanílico
Guanilato sódico	E 627 Guanilato sódico
Guanilato potásico	E 628 Guanilato potásico
Guanilato cálcico	E 629 Guanilato cálcico
Ácido inosínico	E 630 Acido inosínico
Inosinato sódico	E 631 Inosinato sódico
Inosinato potásico	E 632 Inosinato potásico
Inosinato cálcico	E 633 Inosinato cálcico
5'-Ribonucleótidos de calcio	E 635 5'-Ribonucleótidos de calcio
5'-Ribonucleótidos de sodio	E 635 5'-Ribonucleótidos de sodio
Maltol	636 Maltol
Etilmaltol	637 Etilmaltol
Glicina y su sal sódica	E 640 Glicina y su sal sódica

En cuanto a la toxicidad de los agentes aromáticos, podemos decir que no hay ningún peligro con los de origen natural. En cuanto a los aromatizantes artificiales autorizados, dadas las dosis tan bajas a que se consumen, no existe riesgo. Algunos agentes aromatizantes artificiales tomados a dosis muy altas, impropias de su empleo en alimentos, pueden tener acciones narcóticas e irritantes. Otros, sin producir toxicidad aguda, provocan toxicidad crónica (a largo plazo), cuando se toman en dosis muy superiores a las recomendadas. Hay que tener en cuenta que las sustancias activas aromáticas se utilizan en los alimentos en proporciones muy bajas (0,1 a 10 ppm).

Dado que los aromas se utilizan en cantidades muy pequeñas, hay que diluirlos de tal manera que se posibilite su fácil dosificación en los alimentos.

Así tenemos como posibles diluyentes: agua, azúcares, alcohol, glicerina, aceites alimentarios, grasas alimentarias, ácido láctico, sacarosa, etc.

Con objeto de que no se estropeen las soluciones aromáticas comerciales, está permitida (en algunos casos) la adición de agentes conservadores.

4.- Sustancias edulcorantes

Son las que se utilizan para dar sabor dulce a los alimentos. Así tenemos:

Edulcorantes naturales. Tiene valor nutritivo y energético, por lo que no se pueden considerar como aditivos, sino como alimentos. Los azúcares más empleados son la sacarosa (azúcar común que se obtiene a partir de la caña de azúcar o de la remolacha), la glucosa (presente en la uva), lactosa (azúcar de la leche), fructosa (azúcar de las frutas), etc. Los azúcares, además de dar sabor dulce a los alimentos, les dan cuerpo y contenido energético.

Edulcorantes artificiales. Actúan sobre el sabor de los alimentos proporcionando una sensación dulce. Poseen un poder edulcorante muy superior al de cualquiera de los azúcares naturales.

En la Tabla 3 tenemos los edulcorantes más utilizados, entre los que destaca la sacarina.

Tabla 3.- Edulcorantes artificiales utilizados en los alimentos. Fuente: milksci.unizar.es

Nota: antes de utilizar cualquier aditivo en cualquier alimento, se debe consultar a la autoridad competente para ver si está autorizado.

Edulcorantes	Número de identificación
Acesulfamo K	E 950 Acesulfamo K
Aspartamo	E 951 Aspartamo
Ciclamato	E 952 Ciclamato
Isomaltosa	E 953 Isomaltosa
Sacarina	E 954 Sacarina
Taumatina	E 957 Taumatina
Neohesperidinadihidrocalcona	E 959 Neohesperidinadihidrocalcona
Maltitol	E 965 i Maltitol
Jarabe de maltitol	E 965 ii Jarabe de maltitol
Lactitol	E 966 Lactitol
Xilitol	E 967 Xilitol

La sacarosa o azúcar común se obtiene industrialmente de la caña de azúcar y de la remolacha azucarera. Es el azúcar más utilizado en los alimentos.

La glucosa o dextrosa es el azúcar de fécula refinado y cristalizado y sus características comerciales son:

- Humedad máxima: 2 por ciento.
- Sales: máximo 0,25 por ciento.

- Contenido en maltosa: 0,6 % máximo.
- Glucosa calculada sobre materia seca: 98 % mínimo.
- Polvo cristalino de color blanco.
- La solución al 50 % será transparente e incolora.

Por ejemplo, la glucosa se suele utilizar en la fabricación de helados hasta un máximo del 25 % del total de azúcares. Tiene menor poder edulcorante que la sacarosa como se puede ver en la Tabla 4.

Tabla 4.- Poder edulcorante de diversos azúcares tomando como unidad el de la sacarosa.
Nota: antes de utilizar cualquier aditivo en cualquier alimento, se debe consultar a la autoridad competente para ver si está autorizado.

Sustancia	Poder edulcorante
Lactosa	0,27
Glucosa	0,53
Sacarosa	1,0
Sacarina	180 a 650

La lactosa es el azúcar de la leche que aparece en los helados y otros alimentos (flanes, postres, etc.), como consecuencia de la adición de leche, leche en polvo, suero lácteo, etc. Si está en una proporción excesiva, puede dar un paladar arenoso al alimento, al cristalizar en exceso de lactosa. Como se aprecia en la Tabla 5.4, su poder edulcorante es muy bajo.
La lactosa que se comercializa en polvo debe tener las siguientes características:
- Sales minerales: máximo 0,5 por ciento.
- Humedad: máximo 3 por ciento.
- Lactosa propiamente dicha: 95 % mínimo.

El azúcar invertido es el producto obtenido por hidrólisis del azúcar, y está constituido por una mezcla de sacarosa, glucosa y fructosa. Se presenta en forma comercial como un líquido denso y viscoso de las siguientes características:

- Sacarosa: 30 % máximo.
- Agua: 35 % máximo.
- Acidez: 0,35 % como máximo, expresada en ácido sulfúrico.
- Sustancias minerales: 0,50 % como máximo.
- Resto: glucosa y fructosa.

El sorbitol se utiliza en la fabricación de alimentos para diabéticos.

Los edulcorantes artificiales producen un fuerte sabor dulce a concentraciones muy bajas. Se define como "grado de dulce":

El número de gramos de sacarosa que hay que disolver en agua para obtener el mismo sabor que un gramo de edulcorante artificial.

En muchos casos se utilizan mezclas de edulcorantes, ya que así tiene una potenciación del sabor dulce de los componentes, anulándose en gran medida los sabores amargos secundarios que pudiesen tener.

La sacarina (E 954) es el edulcorante artificial más conocido y su fórmula es:

Se pueden utilizar como edulcorantes las sales sódica y cálcica de la sacarina. Si se emplea a proporciones altas puede dar un regusto amargo.

En las etiquetas de los alimentos se debe indicar si se han utilizado edulcorantes artificiales en su elaboración, e incluso algunas legislaciones obligan a declarar que los edulcorantes artificiales son sustancias sin valor nutritivo y que se deben consumir con moderación.

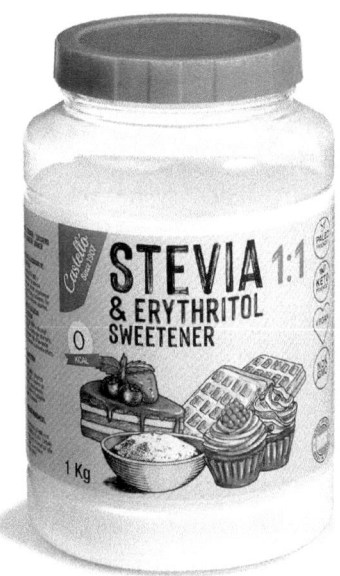

Figura 4.- El edulcorante Stevia + Eritritol 1:1 es un sustituto del azúcar ideal para quienes buscan cuidar su salud. Además de ser 100% natural, no tiene calorías ni carbohidratos, lo que lo hace perfecto para incluirlo en cualquier tipo de dieta. Su textura similar al azúcar permite que se disuelva fácilmente en bebidas frías y calientes, y también es ideal para la pastelería y repostería. Fuente: Amazon.

5.- Gelificantes, estabilizantes y espesantes

Son sustancias que impiden el cambio de forma o naturaleza química de los alimentos a los que se incorporan. A estos productos estabilizantes se les llama de muchas formas: emulgentes, espesantes, gelificantes, etc.

Muchos aditivos realizan todas esas funciones, por eso se les agrupa bajo la denominación común de estabilizantes. Podemos establecer ciertas diferencias como vamos a ver a continuación:

Sustancias emulgentes.
Son las que añadidas a los alimentos, tienen como fin mantener la dispersión uniforme de dos o más fases no miscibles. Para conseguir su finalidad, se concentran en la interfase (grasa-agua, por ejemplo), reduciendo la tensión superficial y consiguiendo una emulsión estable.
Pero ¿qué es una emulsión? Es la mezcla más o menos homogénea de dos líquidos no miscibles (agua y aceite, por ejemplo).
La mayonesa es un ejemplo de una emulsión. En el caso de los alimentos, esta emulsión se puede conseguir por medios mecánicos (batido) o por adición de emulgentes.
Algunos de los componentes de los alimentos tienen un efecto emulgente.
Por ejemplo, la yema de huevo mejora el batido y facilita la congelación del producto. Las proteínas de la leche tienden a conseguir una emulsión estable dentro de una mezcla.

Sustancias espesantes.
Son las que se añaden a los alimentos para aumentar su viscosidad.
Sustancias gelificantes.
Son las que se añaden a los alimentos para provocar la formación de una estructura de flan.
Sustancias antiespumantes.
Se utilizan para evitar o controlar la formación de espuma.
Humectantes. Son aquellas sustancias que tienen afinidad por el agua, con lo que su adición sirve para controlar el contenido en humedad.

Tabla 5.- Estabilizantes utilizados en los alimentos, con su código de identificación.Fuente: milksci.unizar.es

Nota: antes de utilizar cualquier aditivo en cualquier alimento, se debe consultar a la autoridad competente para ver si está autorizado.

Estabilizantes con su identificación	Estabilizantes con su identificación
E 400 Acido algínico	E 421 Manitol
E 401 Alginato sódico	E 422 Glicerol
E 402 Alginato potásico	E 432 Monolaurato de sorbitánpolioxietilenado, polisorbato 20.
E 403 Alginato amónico	
E 404 Alginato cálcico	
E 405 Alginato de propilenglicol	E 433 Monooleato de sorbitánpolioxietilenado, polisorbato 80.
E 406 Agar-agar	
E 407 Carragenanos	
E 410 Goma garrofin	E 434 Monopalmitato de sorbitánpolioxietilenado, polisorbato 40.
E 412 Goma guar	
E 413 Gomna tragacanto	
E 414 Goma arábiga	E 435 Monoestearato de sorbitánpolioxietilenado, polisorbato 60.
E 415 Goma xantana	
E 416 Goma karaya	
E 417 Goma Tara	E 436 Triestearato de sorbitánpolioxietilenado, polisorbato 65.
E 418 Goma gellan	
E 420 i Sorbitol	
E 420 ii Jarabe de sorbitol	E 440 i Pectina
	E 440 ii Pectina amidada
	E 442 Fosfátidos de amonio
	E 444 Acetato isobutirato de sacarosa
	E 445 Esteres glicéridos de colofonia de madera.

Tabla 5 (Continuación).- Estabilizantes utilizados en los alimentos. Fuente: milksci.unizar.es

Estabilizantes con su identificación	Estabilizantes con su identificación
E 450 i Difosfatodisodico E 450 ii Difosfatotrisódico E 450 iii Difosfatotetrasódico E 450 iv Difosfatodipotásico E 450 v Difosfatotetrapotásico E 450 vi Difosfatodicalcico E 450 vii Difosfato ácido de calcio E 451 i Trifosfatopentasódico E 451 ii Trifosfatopentapotásico E 452 i Polifosfato de sodio E 452 ii Polifosfato de potasio E 452 iii Polifosfato de sodio y calcio E 452 iv Polifosfato de calcio 460 i Celulosa microcristalina E 460 ii Celulosa en polvo E 461 Metilcelulosa E 463 Hidroxipropilcelulosa E 464 Hidroxipropilmetilcelulosa E 465 Metilcelulosa E 466 Carboximetilcelulosa E 470 a Sales sódicas, potásicas y cálcicas de los ácidos grasos.	E 470 b Sales magnésicas de los a. grasos. E 471 Mono y diglicéridos de los a. grasos E 472 a Esteres acéticos de los mono y diglicéridos de los ácidos grasos. E 472 b Esteres lácticos de los mono y diglicéridos de los ácidos grasos. E 472 c Esteres cítricos de los mono y diglicéridos de los ácidos grasos. E 472 d Esteres tartáricos de mono y diglicéridos de los ácidos grasos. E 472 e Esteres monoacetiltartárico y diacetiltartárico de mono y diglicéridos de los ácidos grasos. E 472 f Esteres mixtos acéticos y tartáricos de mono y diglicéridos de los ácidos grasos. E 473 Sucroésteres E 474 Sucroglicéridos.

Tabla 5 (Continuación).- Estabilizantes utilizados en los alimentos, con su código de identificación.
Fuente: milksci.unizar.es

Estabilizantes con su identificación	Estabilizantes con su identificación
E 475 Esteres poliglicéridos de los ácidos grasos. E 476 Polirricinoleato de poliglicerol E 477 Esteres de propilenglicol de los ácidos grasos. E 479 b Aceite de soja oxidado por calor y reaccionado con mono y diglicéridos de los ácidos grasos alimentarios. E 481 Estearoil-2-lactilato sódico E 482 Estearoil-2-lactilato cálcico E 483 Tartrato de estearoilo E 491 Monoestearato de sorbitano E 492 Triestearato de sorbitano E 493 Monolaurato de sorbitano E 494 Monooleato de sorbitano E 495 Monopalmitato de sorbitano E 500 Carbonatos de sodio E 500 i Carbonato sódico	E 500 ii Carbonato ácido de sodio, bicarbonato sódico. E 500 iii Sesquicarbonato de sodio E 501 Carbonatos de potasio E 501 i Carbonato potásico E 501 ii Carbonato ácido de potasio, bicarbonato potásico. E 503 Carbonatos de amonio E 503 i Carbonato amónico E 503 ii Carbonato ácido de amonio, bicarbonato amónico. E 504 Carbonato magnésico E 507 Ácido clorhídrico E 508 Cloruro potásico E 509 Cloruro cálcico E 511 Cloruro magnésico E 512 Cloruro estannoso E 513 Ácido sulfúrico

Tabla 5 (Continuación).- Estabilizantes utilizados en los alimentos, con su código de identificación.
Fuente: milksci.unizar.es
Nota: antes de utilizar cualquier aditivo en cualquier alimento, se debe consultar a la autoridad competente para ver si está autorizado.

Estabilizantes con su identificación	Estabilizantes con su identificación
E 514 Sulfato sódico	E 541 i Fosfato acido de aluminio y sodio
E 515 i Sulfato potásico	E 551 Oxido de silicio
E 515 ii Sulfato ácido de potasio	E 552 Silicato cálcico
E 516 Sulfato cálcico	E 553 a i Silicato de magnesio sintético
E 517 Sulfato amónico	E 553 a ii Trisilicato magnésico
E 520 Sulfato de aluminio	E 553 b Talco
E 521 Sulfato de aluminio y sodio	E 554 Silicato de sodio y aluminio
E 522 Sulfato doble de aluminio y potasio	E 555 Silicato de potasio y aluminio
E 523 Sulfato de aluminio y amonio	E 556 Silicato de calcio y aluminio
E 524 Hidróxido sódico	558 Bentonita
E 525 Hidroxido potásico	E 559 Caolín
E 526 Hidróxido cálcico	E 570 Acidos grasos
E 527 Hidróxido amónico	E 574 Acido glucónico
E 528 Hidróxido magnésico	E 575 Glucono delta lactona
E 529 Oxido cálcico	E 576 Gluconato sódico
E 530 Oxido magnésico	E 577 Gluconato potásico
E 535 Ferrocianuro sódico	E 578 Gluconato cálcico
E 536 Ferrocianuro potásico	E 579 Gluconato ferroso
E 538 Ferrocianuro cálcico	E 585 Lactato ferroso

Algunas veces vemos que después de efectuar una mezcla (por batido, por ejemplo) se produce una separación de las fases. Son varias las causas que pueden provocar la separación de fases de una mezcla de ingredientes:

- Agitación inadecuada.
- Acciones microbianas.
- Conservación o almacenamiento a temperaturas inadecuadas.

Por ejemplo, durante el almacenamiento a bajas temperaturas de algunos alimentos, pueden aparecer pequeños cristales de hielo o grandes cristales procedentes de la fusión de los más pequeños. Esto ocurre si se producen variaciones de las temperaturas (por encima y por debajo del punto de fusión). Para evitar esto se añaden al alimento estabilizadores tales como la gelatina, agar, goma de garrofín, etc.

Como dijimos al principio de este epígrafe, muchos productos tienen efectos varios, actuando a la vez como emulgentes, espesantes y gelificantes, como es el caso de la gelatina o la pectina.

La Tabla 5 nos da la lista de productos emulgentes, espesantes y estabilizantes para alimentos.

Nota:
Es lógico que muchas personas estén en contra de la utilización de los aditivos y prefieran alimentos ecológicos; pero sin los aditivos muchos alimentos no llegarían en buenas condiciones al consumidor. Sobre todo en países subdesarrollados con climas muy calurosos. De todas formas, existe un amplio movimiento en los países desarrollados a favor de los denominados "alimentos ecológicos" que se caracterizan por su forma natural de cultivo, manipulación y distribución. No se utilizan ni fertilizantes, ni pesticidas ni aditivos. Estos "alimentos ecológicos" lógicamente, tienen un periodo más corto de comercialización, ya que no llevan aditivos para su conservación.

El tecnólogo de alimentos no necesita saberse estas tablas de aditivos, pero si tiene el libro a mano puede consultarlo y saber que el número E-100 es la curcumina que es un colorante, por ejemplo.

Podemos dar a título de ejemplo, la utilización de estabilizantes en la elaboración de turrones y mazapanes. Entre ellos tenemos el agar-agar, carragenatos, pectinas, gelatina, caseinatos, lecitina, glicerol, manitol, sorbitol, alginatos, carboximetil-celulosa, celulosa microcristalina, etc.

Estas sustancias se dosifican en la cantidad mínima adecuada. Es lo que se llama "Buena Práctica de Fabricación" (BPF).

6.- Conservantes

Dentro de los procedimientos de conservación de los alimentos, podemos distinguir:

A.- Procedimientos físicos de conservación. La esterilización, pasteurización, refrigeración y congelación son procedimientos físicos de conservación (aplicación de frío y/o calor) que son los más naturales.

B.- Procedimientos químicos de conservación. Aquí entran los conservantes, que son sustancias que se añaden en pequeñas cantidades a los alimentos para protegerlos de los micro-organismos (bacterias, mohos o levaduras) que pueden producir fermentaciones indeseables, enmohecimiento y putrefacción.

Los conservadores que se utilizan en alimentación deben reunir varias condiciones:

- No ser tóxicos ni perjudiciales para la salud de las personas.
- Al ser metabolizados en el sistema digestivo del ser humano, no deben descomponerse en productos tóxicos.
- No deben emplearse para enmascarar ingredientes o alimentos en mal estado, ni procesos de fabricación fraudulentos.
- Deben ser de fácil identificación por análisis químicos.

Tabla 6.- Conservantes utilizados en los alimentos, con su código de identificación.Fuente: milksci.unizar.es

Nota: antes de utilizar cualquier aditivo en cualquier alimento, se debe consultar a la autoridad competente para ver si está autorizado.

Conservantes con su identificación	Conservantes con su identificación
E 200 Acido sórbico	E 233 Tiabenzol
E 201 Sorbato sódico	E 234 Nisina
E 202 Sorbato potásico	E 235 Natamicina
E 203 Sorbato cálcico	E 239 Hexametilentetramina
E 210 Acido benzoico	240 Formaldehido
E 211 Benzoato sódico	E 242 Dimetil bicarbonato
E 212 Benzoato potásico	E 249 Nitrito potásico
E 213 Benzoato cálcico	E 250 Nitrito sódico
E 214 Etilparahidroxibenzoato	E 251 Nitrato sódico
E 215 Etilparahidroxibenzoato sódico	E 252 Nitrato potásico
E 216 Propilparahidroxibenzoato	E 260 Ácido acético
E 217 Propilparahidroxibenzoato sódico	E 261 Acetato potásico
E 218 Metilparahidroxibenzoato	E 262 i Acetato sódico
E 219 Metilparahidroxibenzoato sódico	E 262 ii Diacetato sódico
E 220 Anhidrido sulfuroso	E 263 Acetato cálcico
E 221 Sulfito sódico	E 270 Ácido láctico
E 222 Sulfito ácido de sodio	E 280 Acido propiónico
E 223 Metabisulfito sódico	E 281 Propionato sódico
E 224 Metabisulfito potásico	E 282 Propionato cálcico
E 226 Sulfito cálcico	E 283 Propionatopot‡sico
E 227 Sulfito ácido de calcio	E 284 Ácido bórico
E 228 Sulfito ácido de potasio	E 285 Tetraborato sódico
E 230 Bifenilo	E 290 Anhídrido carbónico
E 231 Ortofenilfenol	E 296 Acido málico
E 232 Ortofenilfenato sódico	E 297 Acido fumárico

Por poner algunos ejemplos de utilización de conservadores, tenemos:

- *El ácido sórbico (E-200)* y sus sales sódica y potásica (E-201 y E-202) se utilizan en la conservación de todo tipo de alimentos (bebidas refrescantes, caramelos, productos de confitería, conservas, zumos, etc.). Tienen un gran poder de inhibición de microorganismos tales como mohos y levaduras, aunque su acción no es tan eficaz contra las bacterias.
- *El ácido benzoico (E-210)* y sus sales cálcica, potásica y sódica (E-211, E-212 y E-213), son conservadores aceptados internacionalmente, ya que en todas las pruebas efectuadas no se les ha encontrado toxicidad alguna. Se utilizan en toda clase de alimentos y bebidas.

A la hora de utilizar cualquier tipo de aditivo (conservadores, aromatizantes, antioxidantes, estabilizantes, etc.), hay que tener cuidado para no pasarse en la dosis recomendada, ya que con ello no se consigue nada.

Figura 5.- Ácido sórbico. E200 en envase de 350 gramos. Fuente: COVE Shop.

7.- Antioxidantes y sinérgicos de antioxidantes

Los antioxidantes son sustancias que se añaden a los alimentos para impedir o retardar las oxidaciones y enranciamientos naturales producidos por el oxígeno del aire, la luz, metales, etc.

Los sinérgicos de los antioxidantes son sustancias que, sin ser antioxidantes, refuerzan su acción.

En la elaboración de alimentos con un alto contenido en grasas (mantequilla, helados, margarinas, etc.), uno de los defectos más importantes que se pueden presentar es el olor y sabor a rancio producidos por la oxidación de las grasas que contienen.

Se distinguen dos tipos de antioxidantes:

- Productos que solo tienen acción antioxidante (BHA y BHT, por ejemplo).
- Productos que tienen otras acciones, además de la antioxidante. En este caso tenemos el anhídrido sulfuroso (E-220) que es conservante y antioxidante.

Como hemos dicho anteriormente, la oxidación se da sobre todo en alimentos ricos en grasas, y los factores que contribuyen a que se produzca son los siguientes:

A.- Temperatura. Las temperaturas de almacenamiento altas favorecen el desarrollo de la oxidación. Por ello, en mantequilla y margarina se recomienda su almacenamiento y conservación a -18/-25 ºC.

B.- Luz. La luz del tipo que sea también acelera la oxidación de los alimentos. Por eso se deben conservar en envases opacos y si fisuras.

C.- Aire. Este es el factor que más rápidamente produce el enranciamiento u oxidación de los productos grasos. Los envases no deben dejar pasar el oxígeno.

- **Metales**. La presencia de hierro, cobre, cobalto y manganeso aceleran la oxidación de los alimentos. Se debe evitar la presencia de estos metales en los utensilios con los que se manipulen los alimentos.

Tabla 7.- Antioxidantes utilizados en los alimentos, con su código de identificación.Fuente: milksci.unizar.es

Antioxidantes y su identificación	Antioxidantes y su identificación
E 300 Ácido ascórbico	E 335 Tartratos de sodio
E 301 Ascorbato sódico	E 336 Tartratos de potasio
E 302 Ascorbato cálcico	E 337 Tartrato doble de sodio y
E 304 i Palmitato de ascorbilo	potasio
E 304 ii Estearato de ascorbilo	E 338 Acido ortofosfórico
E 306 Extractos de origen	E 339 Ortofosfatos de sodio
natural ricos en tocoferoles.	E 340 Ortofosfatos de potasio
E 307 Alfa tocoferol	E 341 Ortofosfatos de calcio
E 308 Gamma tocoferol	E 350 i Malato sódico
E 309 Delta tocoferol	E 350 ii Malato ácido de sodio
E 310 Galato de propilo	E 351 Malatos de potasio
E 311 Galato de octilo	E 352 Malatos de calcio
E 312 Galato de dodecilo	E 352 i Malato cálcico
E 315 Acido eritorbico	E 352 ii Malato ácido de calcio
E 316 Eritorbatosodico	E 353 Acido metatartárico
E 320 Butilhidroxianisol, BHA	E 354 Tartrato cálcico
E 321 Butilhidroxitolueno, BHT	E 355 Acido adípico
E 322 Lecitinas	E 356 Adipato sódico
E 325 Lactato sódico	E 357 Adipato potásico
E 326 Lactato potásico	E 363 Acido succínico
E 327 Lactato cálcico	E-372 c Ester cítrico de los
E 330 Ácido cítrico	mono y diglicéridos de los
E 331 Citratos de sodio	ácidos grasos alimentarios.
E 332 Citratos de potasio	375 Acido nicotínico
E 333 Citratos de calcio	E 380 Citrato triamónico
E 334 Acido tartárico	E 385
	Etilenodiaminotetracetato
	cálcico disódico (EDTA CaNa2).

Algunas legislaciones prohíben el uso de antioxidantes en los alimentos, ya que si las grasas utilizadas son de buena calidad y el proceso de elaboración y la conservación posterior son correctos, difícilmente se produce su enranciamiento.

Además de los antioxidantes citados en la Tabla 7, la vitamina E presente en muchos alimentos (cereales, lechugas, tomates, etc.), tiene una acción antioxidante natural.

En el aceite de oliva también se encuentran inhibidores naturales del enranciamiento que pueden ser destruidos durante el proceso de refinación.

Los primeros antioxidantes utilizados en los alimentos fueron la hidroquinona y el pirogalol.

En el proceso de oxidación de las grasas se producen pérdidas de vitaminas y aparecen productos tóxicos (peróxidos, oxiácidos, aldehídos, etc.).

Veamos a continuación las características de algunos de los antioxidantes de la Tabla 7:

- En el caso del *ácido ascórbico (E-300) y sus derivados (E-301 y E-302)* su efecto antioxidante no es muy fuerte, necesitando de la ayuda de un producto sinérgico. Además, se destruyen con rapidez, por lo que su protección es temporal. Se utilizan en turrones, conservas vegetales, productos de confitería, etc.

- *Los galatos (E-310, E-311 y E-312)* tienen un buen poder antioxidante, pero por otro lado, tienen un cierto sabor amargo que pueden comunicar al alimento. No son tóxicos y se utilizan en bebidas refrescantes, caramelos, goma de mascar, galletas, panes especiales, etc. Su acción se ve potenciada con la adición de sinérgicos como el ácido cítrico.

- *El BHA o butilhidroxianisol (E-320)* es muy efectivo como protector de los productos grasos. Es soluble en las grasas, no tiene sabor ni color y no presenta toxicidad a las dosis que se utiliza. Actualmente su uso se ha generalizado y se utiliza en bebidas de todo tipo, mantecas, sebos, mantequilla, margarina, etc.

- **El BHT o butilhidroxitolueno (E-321)**es muy soluble en grasas, pero tiene un poder antioxidante inferior al BHA. Los envoltorios para mantequilla y otros alimentos grasos se suelen impregnar con este producto. Su toxicidad es superior a la del BHA, pero sin presentar ningún problema a las dosis de utilización recomendadas. Su utilización está muy extendida dentro del campo alimentario (galletas, panes, turrones, etc.).
- Los sulfitos se utilizan para evitar el pardeamiento de las frutas, siendo potenciada su acción por la presencia del **ortofosfato de sodio (E-339).**

Figura 6.- El ácido ascórbico es la vitamina C, que tiene propiedades antioxidantes. Fuente: iHerb.

Tabla 8.- Antioxidantes utilizados en diversos alimentos. Fuente: Delta Enfoque.

Número E	Sustancia	Alimentos en los que se emplean
E 300 E 301 E 302	Ácido ascórbico Ascorbato sódico Ascorbato cálcico	Refrescos, mermeladas, leche condensada, embutidos, etc.
E 304	Palmitato de ascorbilo	Embutidos, caldo de pollo, etc.
E 306-309	Tocoferoles	Aceites vegetales.
E 310 E 311	Galatos	Grasas y aceites para fabricación profesional, aceites y grasas para freír, condimentos, sopas deshidratadas, chicle, etc.
E 320 E 321	Butilhidroxianisol (BHA) Butilhidroxitolueno (BHT)	Caramelos, pasas, queso fundido, mantequilla de cacahuetes, sopas instantáneas, etc.

Teniendo en cuenta todo lo dicho sobre el enranciamiento y la oxidación de los alimentos, los antioxidantes deben ser solubles en las grasas y no comunicar olor ni sabor alguno.

8.- Otros aditivos

Además de los que llevamos citados hasta ahora existen otros aditivos tales como:

Gasificantes, que son productos químicos pulverizados que se emplean como sustitutos de la levadura, para la producción de gas carbónico en la masa a la que se incorporan. Son muy utilizados para ahuecar el pan.

Reguladores del pH. Son productos (ácidos, bases y sales) que se añaden a los alimentos para controlar su acidez, alcalinidad o neutralidad. Entre otros tenemos el ácido láctico, ácido cítrico, citrato sódico, carbonato cálcico, etc.

Los reguladores del pH no presentan toxicidad alguna en general, y se utilizan en bebidas refrescantes, zumos, conservas vegetales, galletas, pan, cerveza, etc.

Desmoldeadores. Utilizados para sacar los alimentos de sus moldes después del proceso de elaboración. Entre ellos tenemos aceites alimentarios, ceras de abejas, parafina líquida, grasas alimentarias, etc.

Plastificantes. Utilizados para proteger alimentos.

Mejorantes de harinas y productos derivados. Son productos naturales con varias acciones: A. Aumentan el valor nutritivo de las harinas y de los productos que se hacen con ellas. B. Mejoran las propiedades de las harinas para conseguir una panificación correcta. C. Blanquean la harina. Como sabemos el consumidor suele preferir el pan blanco. D. Cuando las harinas se dejan almacenadas unos meses, se producen una serie de cambios que hacen que mejoren sus propiedades para panificación. Esto es lo que se llama "envejecimiento de las harinas". Con objeto de acelerar este proceso se puede recurrir a los mejorantes. Entre los mejorantes del valor nutritivo de las harinas tenemos: leche en polvo, azúcares comestibles, grasas comestibles, gluten de trigo, etc. Todas estas sustancias enriquecen el pan, bollos y otros derivados de la harina en sales minerales, vitaminas, proteínas y grasas, además de mejorar sus cualidades plásticas. Los azúcares aceleran la fermentación al tener las levaduras más alimento disponible. El ácido ascórbico puede utilizarse para blanquear la masa e incrementar el volumen del pan.

Cloruro sódico (sal común) que tiene una acción múltiple en los alimentos (como conservador, potenciador del sabor, etc.).

Capítulo 3 LISTAS DE LOS ADITIVOS ALIMENTARIOS PERMITIDOS ACTUALMENTE EN LA UNIÓN EUROPEA Y SUS NÚMEROS "E"

1.- Los aditivos en España y la Unión Europea

En todos los países de la Unión europea, los aditivos alimentarios tienen el mismo número identificativo, que siempre empieza por la letra E

Figura 1.- Los aditivos alimentarios permitidos en la Unión Europe empiezan por la letra E. Fuente: You Tube.

2.- Lista de los aditivos alimentarios permitidos actualmente en la Unión Europea y sus números E

En este apartado vamos a dar el listado completo de los aditivos aprobados por la Unión Europea. Empezaremos por los colorantes.

2.1.- Colorantes

E100 Curcumina

E101 (i) Riboflavina

(ii) Riboflavina-5'-fosfato

E102 Tartracina

E104 Amarillo de quinoleína

E110 Amarillo ocaso FCF, amarillo anaranjado S

E120 Cochinilla, ácido carmínico, carmines

E122 Azorrubina, carmoisina

E123 Amaranto E124 Ponceau 4R, rojo de cochinilla A

E127 Eritrosina

E129 Rojo allura AC

E131 Azul patente V

E132 Indigotina, carmín de índigo

E133 Azul brillante FCF

E140 Clorofilas y clorofilinas (i) Clorofilas (ii) Clorofilinas

E141 Complejos cúpricos de clorofilas y clorofilinas (i) Complejos cúpricos de clorofilas (ii) Complejos cúpricos de clorofilinas

E142 Verde S E150a Caramelo natural

E150b Caramelo de sulfito caústico

E150c Caramelo amónico E150d Caramelo de sulfito amónico

E151 Negro brillante BN, Negro PN

E153 Carbón vegetal

E154 Marrón FK

E155 Marrón HT

E160a Carotenos (i) Mezcla de carotenos (ii) Beta-caroteno

E160b Bija, bixina, norbixina, annato

E160c Extracto de pimentón, capsantina, capsorrubina

E160d Licopeno

E160e Beta-apo-8'-carotenal (C30)

E160f Ester etílico del ácido beta-apo-8'-carotenoico (C30)

E161b Luteína

E161g Cantaxantina

E162 Rojo de remolacha, betanina

E163 Antocianinas

E170 Carbonatos de cálcico (i) Carbonato cálcico (ii) Carbonato ácido de calcio

E171 Dióxido de titanio

E172 Óxidos e hidróxidos de hierro

E173 Aluminio

E174 Plata

E175 Oro

E180 Litolrrubina BK

2.2.- Conservantes

E200 Ácido sórbico

E202 Sorbato potásico

E203 Sorbato cálcico

E210 Ácido benzoico

E211 Benzoato sódico

E212 Benzoato potásico

E213 Benzoato cálcico

E214 Etil p-hidroxibenzoato

E215 Etil p-hidroxibenzoato sódico

E218 Metil p-hidroxibenzoato

E219 Metil p-hidroxibenzoato sódico

E220 Dióxido de azufre

E221 Sulfito sódico

E222 Sulfito ácido de sodio

E223 Metabisulfito sódico

E224 Metabisulfito potásico

E226 Sulfito cálcico

E227 Sulfito ácido de calcio

E228 Sulfito ácido de potasio

E234 Nisina

E235 Natamicina

E239 Hexametilentetramina

E242 Dimetil dicarbonato

E249 Nitrito potásico

E250 Nitrito sódico

E251 Nitrato sódico

E252 Nitrato potásico

E280 Ácido propiónico

E281 Propionato sódico

E282 Propionato cálcico

E283 Propionato potásico

E284 Ácido bórico

E285 Tetraborato sódico, bórax

E1105 Lisozima

2.3.- Antioxidantes

E300 Ácido ascórbico

E301 Ascorbato sódico

E302 Ascorbato cálcico

E304 Ésteres de ácidos grasos del ácido ascórbico
   (i)   Palmitato de ascorbilo
   (ii)   (ii) Estearato de ascorbilo

E306 Extracto rico en tocoferoles

E307 Alfa-tocoferol

E308 Gamma-tocoferol

E309 Delta-tocoferol

E310 Galato de propilo

E311 Galato de octilo

E312 Galato de dodecilo

E315 Ácido eritórbico

E316 Eritorbato sódico

E319 Terbutilhidroquinona, THBQ

E320 Butilhidroxianisol, BHA

E321 Butilhidroxitoluol, BHT
E392 Extracto de romero

E586 4-Hexilresorcinol

2.4.- Edulcorantes

E420 Sorbitol y jarabe de sorbitol
   (i)   Sorbitol
   (ii)   (ii) Jarabe de sorbitol

E421 Manitol

E950 Acesulfamo K

E951 Aspartamo

E952 Ácido ciclámico y sus sales de sodio y calcio

(i)Ácido ciclámico
(ii) Ciclamato sódico
   (iii)   Ciclamato cálcico

E953 Isomalt

E954 Sacarina y sus sales de sodio, potasio y calcio
(i)Sacarina
(ii) Sacarina sódica
(iii)Sacarina cálcica
(iv)Sacarina potásica

E955 Sucralosa

E957 Taumatina

E959 Neohesperidina dihidrochalcona, neohesperidina DC
E961 Neotamo

E962 Sal de aspartamo y acesulfamo

E965 Maltitol y jarabe de maltitol
   (i)   Maltitol
   (ii)   (ii) Jarabe de maltitol

E966 Lactitol

E967 Xilitol

E968 Eritritol

2.5.- Emulgentes, estabilizadores, espesantes y gelificantes

E322 Lecitinas E400 Ácido algínico

E401 Alginato sódico

E402 Alginato potásico

E403 Alginato amónico

E404 Alginato cálcico

E405 Alginato de propano-1,2-diol

E406 Agar

E407 Carragenano

E407a Algas marinas transformadas del género Eucheuma

E410 Goma garrofín, goma de semillas de algarrobo
E412 Goma guar

E413 Goma tragacanto

E414 Goma arábiga

E415 Goma xantana

E416 Goma karaya

E417 Goma tara

E418 Goma gellan

E425 Konjac
    (i)   Goma konjac
    (ii)   (ii) Glucomananos de konjac

E426 Hemicelulosa de soja

E427 Goma Cassia

E432 Monolaurato de sorbitano polioxietinelado, polisorbato 20

E433 Monooleato de sorbitano polioxietinelado, polisorbato 80

E434 Monopalmitato de sorbitano polioxietinelado, polisorbato 40

E435 Monoestearato de sorbitano polioxietinelado, polisorbato 60

E436 Triestearato de sorbitano polioxietinelado, polisorbato 65

E440 Pectinas
   (i)   Pectina
   (ii)   (ii) Pectina amidada

E442 Fosfátidos de amonio

E444 Acetato isobutirato de sacarosa

E445 Ésteres glicéridos de colofonia de madera E460 Celulosa (i) Celulosa microcristalina (ii) Celulosa en polvo E461 Metilcelulosa

E462 Etilcelulosa

E463 Hidroxipropilcelulosa

E464 Hidroxipropilmetilcelulosa

E465 Etilmetilcelulosa

E466 Carboximetilcelulosa, carboximetilcelulosa sódica

E468 Carboximetilcelulosa sódica entrelazada

E469 Carboximetilcelulosa sódica hidrolizada enzimáticamente

E470a Sales de sodio, de potasio y de calcio de los ácidos grasos

E470b Sales magnésicas de los ácidos grasos

E471 Mono- y diglicéridos de ácidos grasos

E472a Ésteres acéticos de los mono- y diglicéridos de ácidos grasos

E472b Ésteres lácticos de los mono- y diglicéridos de ácidos grasos

E472c Ésteres cítricos de los mono- y diglicéridos de ácidos grasos

E472d Ésteres tartáricos de los mono- y diglicéridos de ácidos grasos

E472e Ésteres mono- y diacetiltartáricos de los mono- y diglicéridos de ácidos grasos

E472f Ésteres mixtos acéticos y tartáricos de los mono- y diglicéridos de ácidos grasos

E473 Sucroésteres de ácidos grasos

E474 Sucroglicéridos

E475 Ésteres poliglicéridos de ácidos grasos

E476 Polirricinoleato de poliglicerol

E477 Ésteres de propano-1,2-diol de ácidos grasos

E481 Estearoil-2-lactilato de sodio

E482 Estearoil-2-lactilato de calcio

E483 Tartrato de estearilo

E491 Monoestearato de sorbitano

E492 Triestearato de sorbitano
E493 Monolaurato de sorbitano
E494 Monooleato de sorbitano

E495 Monopalmitato de sorbitano

E1103 Invertasa

2.6.- Otros

Acidulantes, correctores de la acidez, antiaglomerantes, antiespumantes, agentes de carga, soportes y disolventes soportes, sales fundentes, endurecedores, potenciadores del sabor, agentes de tratamiento de la harina, espumantes, agentes de recubrimiento, humectantes, almidones modificados, gases de envasado, gases propulsores, gasificantes, y secuestrantes.

E170 Carbonatos de cálcico
(i) Carbonato cálcico
(ii)Carbonato ácido de calcio

E260 Ácido acético

E261 Acetato de potasio

E262 Acetatos de sodio
   (i)   Acetato de sodio
   (ii)   (ii) Diacetato de sodio

E263 Acetato de calcio

E270 Ácido láctico

E290 Dióxido de carbono

E296 Ácido málico
E297 Ácido fumárico
E325 Lactato sódico

E326 Lactato potásico

E327 Lactato cálcico

E330 Ácido cítrico

E331 Citratos de sodio
   (i)   Citrato monosódico
   (ii)   Citrato disódico
   (iii)   Citrato trisódico

E332 Citratos de potasio
   (i)   Citrato monopotásico
   (ii)   (ii) Citrato tripotásico

E333 Citratos de calcio
   (i)   Citrato monocálcico

(ii)   (ii) Citrato dicálcico
(iii)   (iii) Citrato tricálcico

E334 Ácido L(+)-tartárico

E335 Tartratos de sodio
(i)   Tartrato monosódico
(ii)   (ii) Tartrato disódico

E336 Tartratos de potasio
(i)   Tartrato monopotásico
(ii)   (ii) Tartrato dipotásico

E337 Tartrato doble de sodio y potasio

E338 Ácido fosfórico

E339 Fosfatos de sodio
(i)   Fosfato monosódico
(ii)   (ii) Fosfato disódico
(iii)   (iii) Fosfato trisódico

E340 Fosfatos de potasio
(i)   Fosfato monopotásico
(ii)   (ii) Fosfato dipotásico
(iii)   (iii) Fosfato tripotásico

E341 Fosfatos de calcio
(i)   Fosfato monocálcico
(ii)   (ii) Fosfato dicálcico
(iii)   (iii) Fosfato tricálcico

E343 Fosfatos de magnesio
(i)   Fosfato de monomagnesio
(ii)   (ii) Fosfato de dimagnesio

E350 Malatos de sodio
- (i) Malato sódico
- (ii) (ii) Malato ácido de sodio

E351 Malato potásico

E352 Malato de calcio
- (i) Malato cálcico
- (ii) (ii) Malato ácido de calcio

E353 Ácido metatartárico

E354 Tartrato cálcico

E355 Ácido adípico

E356 Adipato sódico

E357 Adipato potásico

E363 Ácido succínico

E380 Citrato triamónico

E385 Etilen-diamino-tetracetato de calcio y sodio (EDTA cálcico disódico)

E422 Glicerol, glicerina

E431 Estearato de polioxietileno (40)

E450 Difosfatos
- (i) Difosfato disódico
- (ii) (ii) Difosfato trisódico

(iii)   (iii) Difosfato tetrasódico
(iv)   (iv) Difosfato dipotásico
(v)   (v) Difosfato tetrapotásico
(vi)   (vi) Difosfato dicálcico (
(vii)   vii) Difosfato ácido de calcio

E451 Trifosfatos
(i)   Trifosfato de pentasodio
(ii)   (ii) Trifosfato de pentapotasio

E452 Polifosfatos
(i)   Polifosfato de sodio
(ii)   (ii) Polifosfato de potasio
(iii)   (iii) Polifosfato de socio y calcio
(iv)   (iv) Polifosfatos de calcio
(v)   (v) Polifosfatos de amonio

E459 Beta-ciclodextrina

E479b Aceite de soja oxidado térmicamente en interacción con mono- y diglicéridos de ácidos grasos

E500 Carbonatos de sodio
(i)   Carbonato sódico
(ii)   (ii) Carbonato ácido de sodio
(iii)   (iii) Sesquicarbonato sódico

E501 Carbonatos de potasio
(i)   Carbonato potásico
(ii)   (ii) Carbonato ácido de potasio

E503 Carbonatos de amonio
(i)   Carbonato amónico
(ii)   (ii) Carbonato ácido de amonio

E504 Carbonatos de magnesio
  (i)   Carbonato magnésico
  (ii) Carbonato ácido de magnesio

E507 Ácido clorhídrico

E508 Cloruro de potasio

E509 Cloruro cálcico

E511 Cloruro magnésico

E512 Cloruro de estaño

E513 Ácido sulfúrico

E514 Sulfatos de sodio
  (i)   Sulfato sódico
  (ii)   Sulfato ácido de sodio

E515 Sulfatos de potasio
  (i)   Sulfato potásico
  (ii)   Sulfato ácido de potasio

E516 Sulfato cálcico

E517 Sulfato amónico

E520 Sulfato de aluminio

E521 Sulfato doble de aluminio y sodio

E522 Sulfato doble de aluminio y potasio

E523 Sulfato doble de aluminio y amonio

E524 Hidróxido sódico

E525 Hidróxido potásico

E526 Hidróxido cálcico

E527 Hidróxido amónico

E528 Hidróxido magnésico

E529 Óxido de calcio

E530 Óxido de magnesio

E535 Ferrocianuro sódico
E536 Ferrocianuro potásico
E538 Ferrocianuro cálcico

E541 Fosfato ácido de sodio y aluminio

E551 Dióxido de silicio

E552 Silicato cálcico

E553a (i) Silicato magnésico (ii) Trisilicato magnésico

E553b Talco

E554 Silicato de sodio y aluminio

E555 Silicato de potasio y aluminio

E556 Silicato de calcio y aluminio

E558 Bentonita

E559 Silicato de aluminio, caolín

E570 Ácidos grasos

E574 Ácido glucurónico

E575 Glucono-delta-lactona

E576 Gluconato sódico

E577 Gluconato potásico

E578 Gluconato cálcico

E579 Gluconato ferroso

E585 Lactato ferroso

E620 Ácido glutámico

E621 Glutamato monosódico

E622 Glutamato monopotásico

E623 Glutamato cálcico

E624 Glutamato monoamónico

E625 Glutamato magnésico

E626 Ácido guanílico

E627 Guanilato disódico

E628 Guanilato dipotásico

E629 Guanilato cálcico

E630 Ácido inosínico

E631 Inosinato disódico

E632 Inosinato dipotásico

E633 Inosinato cálcico

E634 5'-ribonucleótidos cálcicos

E635 5'-ribonucleótidos disódicos

E640 Glicina y su sal sódica
E650 Acetato de cinc

E900 Dimetilpolisiloxano

E901 Cera de abejas blanca y amarilla

E902 Cera candelilla

E903 Cera carnauba

E904 Goma laca

E905 Cera microcristalina

E907 Poli-L-deceno hidrogenado

E912 Ésteres del ácido montánico

E914 Cera de polietieno oxidada

E920 L-Cisteina

E927b Carbamida

E938 Argón E939 Helio

E941 Nitrógeno

E942 Óxido nitroso

E943a Butano

E943b Isobutano

E944 Propano
E948 Oxígeno

E949 Hidrógeno

E999 Extracto de quilaya

E1200 Polidextrosa

E1201 Polivinilpirrolidona

E1202 Polivinilpolipirrolidona

E1203 Alcohol polivinílico

E1204 Pullulan

E1404 Almidón oxidado

E1410 Fosfato de monoalmidón

E1412 Fosfato de dialmidón

E1413 Fosfato de dialmidón fosfatado

E1414 Fosfato de dialmidón acetilado

E1420 Almidón acetilado

E1422 Adipato de dialmidón acetilado

E1440 Hidroxipropil almidón

E1442 Fosfato de hidroxipropil dialmidón

E1450 Octenil succinato sódico de almidón

E1451 Almidón oxidado acetilado

E1452 Octenil succinato alumínico de almidón

E1505 Citrato de trietilo

E1517 Diacetato de glicerilo (diacetina)

E1518 Triacetato de glicerilo (triacetina)

E1519 Alcohol bencílico

E1520 Propano-1,2-diol, propilenglicol

E1521 Polietilenglicoles, PEG

Capítulo 4 ALGUNOS ADITIVOS Y SUS CARACTERÍSTICAS

1.- Introducción

A continuación vamos a estudiar algunos aditivos con sus números de identificación, sus propiedades, efectos secundarios, dosis de utilización, etc. No consideramos necesarios citarlos a todos (ver capítulo anterior), ya que los fabricantes de aditivos ofrecen todas sus características.

2.- E-200 Ácido sórbico y sus derivados E-201 y E-202

Es uno de los conservantes más utilizados. Es muy efectivo contra hongos y levaduras, y menos efectivo contra bacterias, tanto este ácido como sus derivados:

- ❖ E-201 Sorbato de sodio.
- ❖ E-202 sorbato de potasio.

Se utiliza en la conservación de alimentos ácidos o poco ácidos (hasta un pH 6,5, como máximo). Este conservante se puede extraer de las bayas del árbol *SorbusAucuparia.* También se puede conseguir por métodos químicos.

No se conocen efectos secundarios cuando se utilizan a las dosis recomendadas. Su toxicidad es baja.

Se emplean en multitud de alimentos: carnes, lácteos, salsas, dulces, bollería, pan, galletas, pasteles, mermeladas, aceitunas de mesa, margarinas, bebidas refrescantes, etc.

Como se puede ver en el anexo final de este libro, relativo a los aditivos autorizados en la Unión Europea, las dosis máximas de utilización de E-200 y E-202 son:

- ➢ 10 mg/litro en bebidas refrescantes.
- ➢ 20 mg/kg en el resto de alimentos.

3.- E-210 Ácido benzoico y sus derivados E-211 E-212

El ácido benzoico se obtiene por oxidación o hidrólisis de otros productos químicos. Es efectivo contra levaduras y bacterias, y también para algunos tipos de hongos.

Entre sus derivados tenemos:

❖ E-211 Benzoato de sodio.
❖ E-212 Benzoato de potasio.
❖ Otros derivados.

Su nivel de toxicidad puede ser alto cuando se emplea a dosis por encima de las máximas permitidas. No se usa en alimentos para mascotas, ya que resulta muy tóxico para perros y gatos.

Se utiliza a dosis máximas de 15 mg/kg de alimento, como se puede ver en la lista de aditivos autorizados por la Unión Europea (Anexo final de este libro). Se emplea este ácido y sus derivados en alimentos ácidos y en el control de fermentaciones.

Se agrega a una gran cantidad de productos: vinos, licores, zumos, bollos, confitería (excluido el chocolate), pasteles, confituras, jaleas, aceitunas, margarinas, gelatinas, postres lácteos, cervezas sin alcohol, huevo líquido, goma de mascar, chicle, preparación de aromas, tratamientos de superficie de productos cárnicos, pescados desalados, semiconservas de pescado, etc. También se emplea en la pasta de dientes.

4.- E-214 p-hidroxibenzoato de etilo y derivados (E-215, E-218 y E-219)

Se trata de un grupo de aditivos utilizados como conservantes en muchos productos. Son efectivos sobre bacterias, levaduras y determinados hongos que tienen afinidad con los lípidos.
Pertenecen al grupo de los parabenos y abreviadamente se les suele designar bajo las siglas **PHB.**

Lo forman:

❖ E-214 p-hidroxibenzoato de etilo.
❖ E-215 p-hidroxibenzoato sódico de etilo
❖ E-218 p-hidroxibenzoato de metilo.
❖ E-219 p-hidroxibenzoato sódico de metilo.

Son de toxicidad alta, pero si se emplean a las dosis autorizadas no se presentan problemas. Puede provocar algunos problemas en pacientes alérgicos.

Se utilizan en varios alimentos: aperitivos (de cereales, patatas y frutos secos transformados), conservas vegetales, salsas, mariscos, caviar, pastas de hígado y de carne, patés de hígado y de carne, tratamientos superficie de embutidos (crudos y curados), productos de confitería, turrones y mazapanes, etc.

En la siguiente tabla vemos las dosis utilizadas en algunos alimentos.

Tabla 1.- Utilización del grupo de aditivos PHB en algunos productos. Fuente: Real Decreto 142/2002. Boletín Oficial del Estado (BOE). Madrid.

Alimento	Dosis máxima (mg/kg de producto final
Aperitivos a base de cereales	300
Aperitivos a base de patatas	300
Aperitivos a base de frutos secos transformados	300
Pastas de hígado	1.000 (en total Sa+PHB)
Pastas de carne	1.000 (en total Sa+PHB)
Patés de hígado	1.000 (en total Sa+PHB)
Patés de carne	1.000 (en total Sa+PHB
Productos de confitería	300
Turrones y mazapanes	300

*Sa es la abreviatura para el grupo de aditivos formado por E-200, E-202 y E-203.

5.- E-220 Dióxido de azufre y sulfitos

El dióxido de azufre más conocido como anhídrido sulfuroso (SO_2), es un conservante derivado de los minerales que contienen azufre. Se utiliza mucho en el vino para controlar la fermentación y la conservación posterior del vino, al evitar el desarrollo de las bacterias.

Es de toxicidad alta y hay que llevar cuidado en su manejo. Desde antiguo se han venido produciendo muertes de operarios que bajaban al fondo de los depósitos para su limpieza. Al acumularse allí el SO_2 morían asfixiados. El dióxido de azufre es más pesado que el aire.

Se utiliza en la conservación de múltiples alimentos: postres lácteos, pan (mejora el proceso de amasar), en la preparación de aceitunas de mesa, carnes (evita la pérdida de color), bebidas, ovoproductos, conservas vegetales, mariscos diversos, galletas, cervezas, etc.

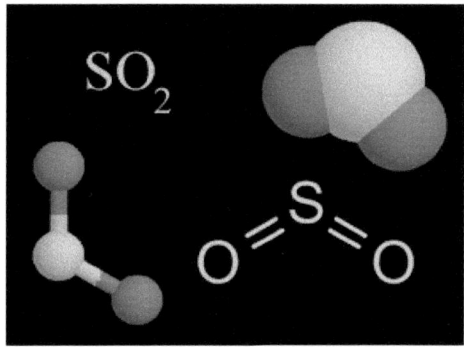

Figura 1.- Fórmula del dióxido de azufre. Fuente: Ventanas al Universo. Randy Russell.

Dada su toxicidad debe emplearse a bajas dosis (dadas en mg/kg o bien mg/litro expresadas en SO_2 en el producto final).

Entre sus derivados tenemos:

- ❖ E-221 Sulfito de sodio.
- ❖ E-222 Sulfito ácido de sodio.
- ❖ E-223 Metabisulfito de sodio.
- ❖ E-224 Metabosulfito de potasio.
- ❖ E-226 Sulfito de calcio.
- ❖ E-227 Sulfito ácido de calcio.
- ❖ E-228 Sulfito ácido de potasio.

Tabla 2.- Utilización del SO₂ en algunos productos. Fuente: Real Decreto 142/2002. Boletín Oficial del Estado (BOE). Madrid.

Alimento	Dosis máximas de SO₂
Azúcares	10 mg/kg de producto final
Melazas	70 mg/kg de producto final
Cervezas (con y sin alcohol)	20 mg/litro de producto final
Galletas secas	50 mg/kg de producto final
Longaniza fresca	450 mg/kg de producto final
Crustáceos frescos	150 a 300 mg/kg de producto final (según casos)
Crustáceos congelados	150 a 300 mg/kg de producto final (según casos
Crustáceos cocidos	135 a 270 mg/kg de producto final (según casos)
Confituras	50 mg/kg de producto final
Jaleas	50 mg/kg de producto final
Mermeladas	50 mg/kg de producto final
Vinos	Según reglamentos de la CEE

Como se indica en la legislación española:

- Las dosis máximas se expresan como SO_2 en mg/Kg o mg/l, según corresponda, y se refieren a la cantidad total disponible a partir de todas las fuentes.
- No se considera presente un contenido de SO_2 inferior a 10 mg/kg o 10 mg/l.

- Se utiliza como abreviatura el símbolo químico SO_2, por ser este grupo de aditivos generadores de dióxido de azufre.

En la Tabla 2 Vemos algunos productos y las dosis máximas de SO_2 permitidas en su preparación

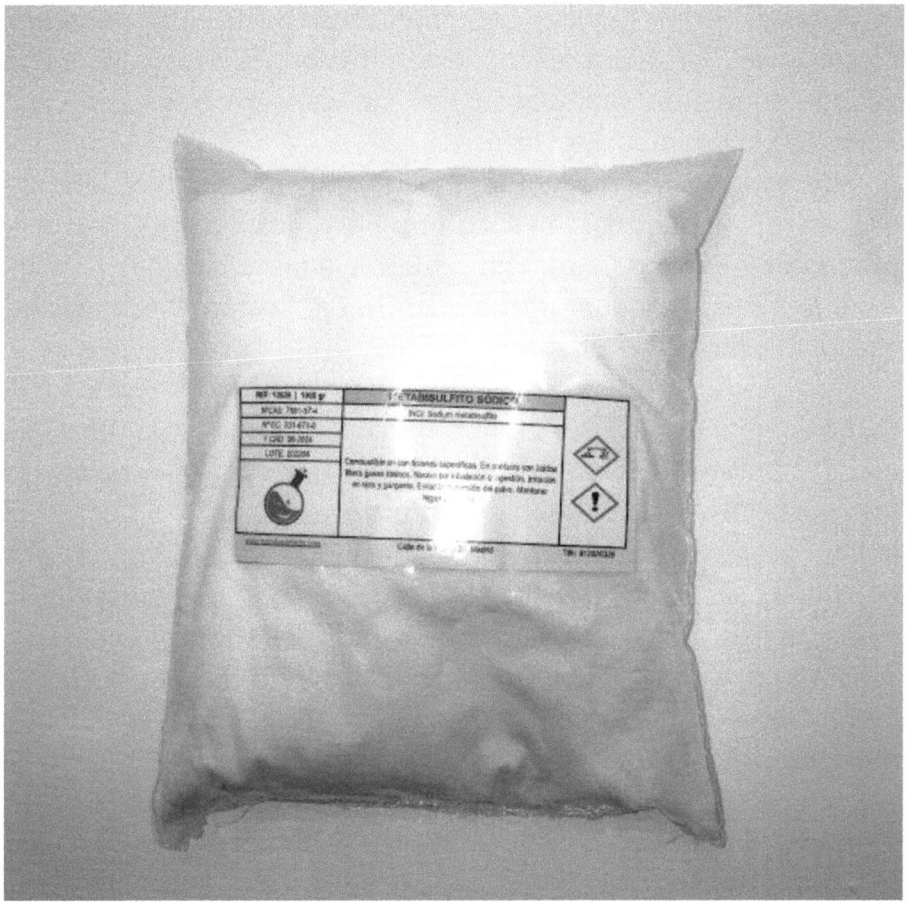

Figura 2.- Metabisulfito sódico. Fuente: Mezcla Perfecta.

Capítulo 5 ADITIVOS UTILIZADOS EN DIVERSOS ALIMENTOS

1.- Aditivos según su destino

No todos los aditivos se pueden utilizar en todos los alimentos. Hay productos que no necesitan aditivos para su conservación, ya que ésta se realiza por métodos físicos (refrigeración, congelación, deshidratación, esterilización). Otros alimentos pueden necesitar aditivos para su conservación pero no necesitan colorantes. Etcétera.

A continuación vamos a ver algunos de los aditivos que se utilizan en alimentos tales como: pescados, carnes, leche y productos lácteos, zumos, mermeladas, bebidas, miel, ovoproductos, productos de confitería, caramelos, chicles, chocolate, cacao, bollería, etc.

Como siempre, hay que tener mucho cuidado a la hora de escoger un aditivo y su dosis. Hay que tener en cuenta que la lista de aditivos autorizados es cambiante, tanto en cuanto al aditivo propiamente dicho, como a las dosis permitidas. En caso de duda, siempre se debe consultar con las autoridades competentes en este tema. En el caso de que los alimentos en cuestión se vayan a exportar, hay que tener en cuenta que la legislación del país receptor puede ser diferente a la del país emisor del alimento.

2.- Aditivos para cacao y chocolate

Como decimos siempre en el caso de los aditivos alimentarios, es preciso asegurarse de que están permitidos. Para ello lo mejor es ponerse en contacto con las autoridades competentes.

A continuación vamos a dar una tabla de algunos de los aditivos que se utilizan en los productos de cacao y chocolate, con la salvedad indicada en el párrafo anterior.

Tabla 1.- Aditivos utilizados en los productos de cacao y chocolate. Fuente: Real Decreto 142/2002. Boletín Oficial del Estado. España.
Nota: antes de utilizar cualquier aditivo en cualquier alimento, se debe consultar a la autoridad competente.

Aditivo	Dosis
E-330 Ácido cítrico	0,5 % máximo
E-322 Lecitinas	Quantum satis (la cantidad adecuada)
E-334 Ácido tartárico	0,5 % máximo
E-422 Glicerina	Quantum satis
E-471 Mono y diglicéridos de los ácidos grasos	Quantum satis
E-772c Ésteres cítricos de los mono y diglicéridos de los ácidos grasos	Quantum satis
E-170 Carbonato de calcio	7% en materia seca sin grasa, expresados como carbonatos de potasio
E-500 Carbonatos de sodio	Idem
E-501 Carbonatos de potasio	Idem
E-503 Carbonatos de amonio	Idem
E-504 Carbonatos de magnesio	Idem
E-524 Hidróxido de sodio	Idem
E-525 Hidróxido de potasio	Idem
E-526 Hidróxido de calcio	Idem
E-527 Hidróxido de amonio	Idem
E-528 Hidróxido de magnesio	Idem
E-530 Óxido de magnesio	Idem
E-414 Goma arábiga	Quantum satis
E-440 Pectinas	Solo como recubrimiento

También se utilizan otros aditivos tales como: E-442, E-476, E-492, E-901 y E-902

3.- Aditivos en pan y panes especiales

Entre los aditivos que se suelen utilizar en el pan y panes especiales tenemos:

- ❖ E-260 Ácido láctico. Quantum satis.
- ❖ E-261 Acetato potásico. Quantum satis.
- ❖ E-262 Acetato de sodio. Quantum satis.
- ❖ E-263 Acetato cálcico. Quantum satis.
- ❖ E-270 Ácido láctico. Quantum satis.
- ❖ E-300 Ácido ascórbico. Quantum satis.
- ❖ E-301 Ascorbato sódico. Quantum satis.
- ❖ E-302 Ascorbatocácico.
- ❖ E-322 Lecitinas. Quantum satis.
- ❖ E-325 Lactato sódico. Quantum satis.
- ❖ E-326 Lactato potásico. Quantum satis.
- ❖ E-327 Lactato cálcico. Quantum satis.
- ❖ E-471 Mono y diglicéridos de los ácidos grasos. Quantum satis.

También se utilizan otros tales como: E-338, E-341, E-343, E-450, E-452, E-405, E-432, E-436, E-473, E-474, E-475, E-77, etc.

4.- Aditivos en pastelería, repostería y galletería

A continuación damos algunos de los aditivos utilizados en este tipo de productos:

- ❖ Productos con una actividad acuosa superior a 0,65: E-200 (ácido sórbico), E-202 (sorbato potásico) y E-203 (sorbato cálcico).
- ❖ Productos envasados con una actividad acuosa superior a 0,65: E-200 (ácido sórbico), E-202 (sorbato potásico) y E-203 (sorbato cálcico). También E-280 (ácido propiónico) y E-283 (propionato de potasio).

* Galletas secas. E-220 (dióxido de azufre, E-221 (sulfito sódico), E-222 (sulfito ácido de sodio), E-223 (metabisulfito sódico), E-224 (metabisulfito potásico).
* Mezclas para pasteles. E-310 (galato de propilo), E-312 (galato de dodecilo), E-319 (terbutilhidroquinona, TBHQ) y E-320 (butilhidroxianisol, BHA).

5.- Productos de confitería

Estos son algunos de los aditivos que se pueden utilizar en los productos de confitería (consultar primero a las autoridades competentes):
* Productos de confitería (excluido el chocolate): E-200 (ácido sórbico), E-202 (sorbato potásico) y E-203 (sorbato cálcico). También E-210 (ácido benzoico), E-211 (benzoato sódico), E-212 (benzoato potásico), E-213 (benzoato cálcico), E-215 (PHB).
* Productos de confitería a base de jarabe de glucosa. E-220 (dióxido de azufre, E-221 (sulfito sódico), E-222 (sulfito ácido de sodio), E-223 (metabisulfito sódico), E-224 (metabisulfito potásico).
* Productos de confitería a base de harina con actividad acuosa superior a 0.65: E-280 (ácido propiónico) y E-283 (propionato de potasio). También

6.- Aditivos en turrones y mazapanes

Veamos algunos de los autorizados (siempre recurriendo antes a las autoridades competentes):

* E-200 (ácido sórbico), E-202 (sorbato potásico) y E-203 (sorbato cálcico). E-210 (ácido benzoico), E-211 (benzoato sódico), E-212 (benzoato potásico), E-213 (benzoato cálcico), E-215 (PHB).

❖ E-310 (galato de propilo), E-312 (galato de dodecilo), E-319 (terbutilhidroquinona, TBHQ) y E-320 (butilhidroxianisol, BHA).

7.- Aditivos para rellenos y cobertura para bollería fina

Damos algunos de los que se suelen utilizar (con permiso previo de la autoridad competente):
  ❖ E-297. Ácido fumárico. Acidulante natural o sintético.
  ❖ E-355. Ácido adípico. Acidulante.
  ❖ E-357. Adipato de potasio. Acidulante.
  ❖ E-405. Alginato de propilenglicol.
  ❖ E-416. Goma Karaya. Espesante natural.
  ❖ E-427. Goma Cassia. Espesante natural.

8.- Nota final

Es muy importante reseñar que toda la información que se da en este capítulo sobre aditivos es solo a título informativo, sin valor jurídico. Antes de utilizar un aditivo, se debe preguntar a la autoridad competente. Es la forma correcta de proceder.

Anexo 1 REGLAMENTO (CE) N º 1331/2008 DEL PARLAMENTO EUROPEO Y DEL CONSEJO de 16 de diciembre de 2008 por el que se establece un procedimiento de autorización común para los aditivos, las enzimas y los aromas alimentarios

Nota: esta información carece de valor jurídico.

EL PARLAMENTO EUROPEO Y EL CONSEJO DE LA UNIÓN EUROPEA,

Visto el Tratado constitutivo de la Comunidad Europea y, en particular, su artículo 95,

Vista la propuesta de la Comisión,

Visto el dictamen del Comité Económico y Social Europeo ([1]),

De conformidad con el procedimiento establecido en el artículo 251 del Tratado ([2]),

Considerando lo siguiente:

(1) La libre circulación de alimentos seguros y saludables es un aspecto esencial del mercado interior y contribuye significativamente a la salud y el bienestar de los ciudadanos, así como a sus intereses sociales y económicos.

(2) En la ejecución de las políticas comunitarias debe garantizarse un nivel elevado de protección de la vida y la salud de las personas.

(3) A fin de proteger la salud humana, debe evaluarse la inocuidad de la utilización de los aditivos, las enzimas y los aromas en la alimentación humana antes de su comercialización en la Comunidad.

(4) El Reglamento (CE) nº 1333/2008 del Parlamento Europeo y del Consejo, de 16 de diciembre de 2008, sobre aditivos alimentarios ([3]), el Reglamento (CE) nº 1332/2008 del Parlamento Europeo y del Consejo, de 16 de diciembre de 2008, sobre enzimas alimentarias ([4]) y el Reglamento (CE)

n° 1334/2008 del Parlamento Europeo y del Consejo, de 16 de diciembre de 2008, sobre los aromas y determinados ingredientes alimentarios con propiedades aromatizantes utilizados en los alimentos ([5]) (en lo sucesivo denominados «las normas alimentarias sectoriales»), establecen criterios y exigencias armonizados sobre la evaluación y la autorización de estas sustancias.

(5) En particular, se prevé que los aditivos alimentarios, las enzimas alimentarias y los aromas alimentarios, en la medida en que estos últimos deben someterse a una evaluación de la seguridad de conformidad con el Reglamento (CE) n° 1334/2008, únicamente puedan comercializarse y utilizarse en la alimentación humana, de conformidad con las condiciones fijadas por cada norma alimentaria sectorial, si están incluidos en una lista comunitaria de sustancias autorizadas.

(6) Garantizar la transparencia en la producción y manipulación de los productos alimenticios es esencial para mantener la confianza del consumidor.

(7) En este marco, se considera oportuno establecer, para estas tres categorías de sustancias, un procedimiento comunitario común de evaluación y de autorización que sea eficaz, limitado en el tiempo y transparente, a fin de facilitar su libre circulación en el mercado comunitario.

(8) Este procedimiento común debe basarse en los principios de buena administración y de seguridad jurídica, y debe aplicarse respetando dichos principios.

(9) Así pues, el presente Reglamento completa el marco reglamentario de autorización de sustancias mediante la fijación de las diferentes fases del procedimiento, de los plazos para dichas fases, de la función de los agentes interesados y de los principios aplicables. No obstante, para determinados aspectos del procedimiento, es preciso tener en

cuenta las características específicas de cada norma alimentaria sectorial.

(10) Los plazos establecidos en el procedimiento tienen en cuenta el tiempo necesario para examinar los diferentes criterios fijados en cada norma alimentaria sectorial y conceden un espacio de tiempo adecuado para realizar consultas al preparar los proyectos de medidas. En concreto, el plazo de nueve meses para que la Comisión presente un proyecto de reglamento de actualización de la lista comunitaria no debe impedir que pueda hacerse en un plazo más corto.

(11) Al recibir una solicitud, la Comisión debe iniciar el procedimiento y, si resulta necesario, recabar lo antes posible, una vez controladas la validez y aplicabilidad de la solicitud, el dictamen de la Autoridad Europea de Seguridad Alimentaria (denominada en lo sucesivo «la Autoridad») creada por el Reglamento (CE) n° 178/2002 del Parlamento Europeo y del Consejo, de 28 de enero de 2002, por el que se establecen los principios y los requisitos generales de la legislación alimentaria, se crea la Autoridad Europea de Seguridad Alimentaria y se fijan procedimientos relativos a la seguridad alimentaria ([6]).

(12) De conformidad con el marco de determinación del riesgo en materia de seguridad alimentaria establecido por el Reglamento (CE) n° 178/2002, la autorización de comercializar sustancias debe ir precedida de una determinación científica independiente, realizada al nivel más elevado posible, del riesgo que presenta para la salud humana. Tras esta determinación, que debe efectuarse bajo la responsabilidad de la Autoridad, la Comisión debe tomar una decisión de gestión del riesgo mediante un procedimiento de reglamentación que asegure una estrecha cooperación entre la Comisión y los Estados miembros.

(13) Siempre que se cumplan los criterios para la autorización establecidos en las normas alimentarias sectoriales, debe otorgarse la autorización de comercialización con arreglo al presente Reglamento.

(14) Se reconoce que, en algunos casos, la determinación científica del riesgo no puede por sí sola ofrecer toda la información en la que debe basarse una decisión relacionada con la gestión del riesgo, por lo que pueden tenerse debidamente en cuenta otros factores pertinentes y legítimos de carácter sociológico, económico, tradicional, ético y medioambiental, así como la viabilidad de los controles.

(15) A fin de mantener informados a los operadores económicos de los sectores afectados y a la población sobre las autorizaciones en vigor, es conveniente que las sustancias autorizadas figuren en una lista comunitaria establecida, mantenida y publicada por la Comisión.

(16) Cuando proceda, y en determinadas circunstancias, las normas alimentarias sectoriales específicas pueden prever, para un determinado período de tiempo, la protección de los datos científicos y de otros datos presentados por el solicitante. En este caso, las normas alimentarias sectoriales deben determinar las condiciones en las que estos datos no podrán utilizarse en beneficio de otro solicitante.

(17) El funcionamiento en red entre la Autoridad y las organizaciones de los Estados miembros que actúan en los ámbitos comprendidos en el cometido de la Autoridad es uno de los principios de base del funcionamiento de esta. En consecuencia, para elaborar su dictamen, la Autoridad puede recurrir a la red puesta a su disposición por el artículo 36 del Reglamento (CE) n° 178/2002 y por el Reglamento (CE) n° 2230/2004 de la Comisión (⁷).

(18) El procedimiento común de autorización de sustancias debe responder a las exigencias de transparencia y de información del público, garantizando al mismo tiempo el derecho del solicitante a mantener la confidencialidad de determinados datos.

(19) La protección de la confidencialidad de determinados aspectos de una solicitud debe mantenerse con el fin de proteger la posición competitiva de un solicitante. No obstante, bajo ninguna circunstancia debe ser confidencial la información relacionada con la seguridad de una sustancia, incluidos, de forma no exclusiva, los estudios toxicológicos y otros estudios relacionados con la seguridad y los propios datos primarios.

(20) Con arreglo a lo establecido en el Reglamento (CE) n.º 178/2002, el Reglamento (CE) n.º 1049/2001 del Parlamento Europeo y del Consejo, de 30 de mayo de 2001, relativo al acceso del público a los documentos del Parlamento Europeo, del Consejo y de la Comisión (8) se aplica a los documentos que obren en poder de la Autoridad.

(21) El Reglamento (CE) n.º 178/2002 establece procedimientos para la adopción de medidas de emergencia en relación con alimentos de origen comunitario o importados de un tercer país. En él se autoriza a la Comisión a adoptar dichas medidas cuando se ponga de manifiesto la posibilidad de que un alimento constituya un riesgo grave para la salud humana, la sanidad animal o para el medio ambiente, y dicho riesgo no pueda controlarse satisfactoriamente mediante la adopción de medidas por parte de los Estados miembros interesados.

(22) En aras de la eficacia y la simplificación legislativa, es conveniente examinar a medio plazo la pertinencia de ampliar el ámbito de aplicación del procedimiento común a otras normas vigentes en el ámbito alimentario.

(23)Dado que los objetivos del presente Reglamento no pueden ser alcanzados de manera suficiente por los Estados miembros debido a las diferencias que existen entre las legislaciones y las disposiciones nacionales y, por consiguiente, pueden lograrse mejor a nivel comunitario, la Comunidad puede adoptar medidas, de acuerdo con el principio de subsidiariedad consagrado en el artículo 5 del Tratado. De conformidad con el principio de proporcionalidad enunciado en dicho artículo, el presente Reglamento no excede de lo necesario para alcanzar dichos objetivos.

(24)Procede aprobar las medidas necesarias para la ejecución el presente Reglamento con arreglo a la Decisión 1999/468/CE del Consejo, de 28 de junio de 1999, por la que se establecen los procedimientos para el ejercicio de las competencias de ejecución atribuidas a la Comisión (⁹).

(25)Conviene, en particular, conferir competencias a la Comisión para que actualice las listas comunitarias. Dado que estas medidas son de alcance general, y están destinadas a modificar elementos no esenciales de cada norma alimentaria sectorial, incluso completándola con nuevos elementos no esenciales, deben adoptarse con arreglo al procedimiento de reglamentación con control previsto en el artículo 5 bis de la Decisión 1999/468/CE.

(26)Por razones de eficacia, los plazos normalmente aplicables en el marco del procedimiento de reglamentación con control deben abreviarse para la inclusión de sustancias en las listas comunitarias y para incluir, suprimir o modificar las condiciones, las especificaciones o las restricciones que estén vinculadas a la presencia de una sustancia en la lista comunitaria.

(27)Cuando, por imperiosas razones de urgencia, los plazos normalmente aplicables en el marco del procedimiento de reglamentación con control no puedan respetarse, la Comisión debe poder aplicar el procedimiento de urgencia previsto en el artículo 5 *bis*, apartado 6, de la Decisión 1999/468/CE para retirar una sustancia de las listas comunitarias y para incluir, suprimir o modificar las condiciones, las especificaciones o las restricciones que estén vinculadas a la presencia de una sustancia en las listas comunitarias.

HAN ADOPTADO EL PRESENTE REGLAMENTO:

CAPITULO I
PRINCIPIOS GENERALES

Artículo 1
Objetivo y ámbito de aplicación

1. El presente Reglamento establece un procedimiento común de evaluación y de autorización (en lo sucesivo, «el procedimiento común») de los aditivos alimentarios, las enzimas alimentarias, los aromas alimentarios y los materiales de base de aromas alimentarios y los materiales de base de ingredientes alimenticios con propiedades aromatizantes utilizados o destinados a ser utilizados en los productos alimenticios o en su superficie (en lo sucesivo, «las sustancias»), que contribuye a la libre circulación de productos alimenticios en la Comunidad y a un nivel elevado de protección de la salud humana y a un nivel elevado de protección de los consumidores, incluida la protección de los intereses de estos últimos. El presente Reglamento no es aplicable a los aromas de humo que entren en el ámbito de aplicación del Reglamento (CE) n° 2065/2003 del Parlamento Europeo y del Consejo, de 10 de noviembre de 2003,

sobre los aromas de humo utilizados o destinados a ser utilizados en los productos alimenticios o en su superficie ([10]).

2. El procedimiento común establece los procedimientos que rigen la actualización de las listas de sustancias cuya comercialización está autorizada en la Comunidad de conformidad con los Reglamentos (CE) n° 1333/2008, (CE) n° 1332/2008 y (CE) n° 1334/2008 (denominados en lo sucesivo «las normas alimentarias sectoriales»).

3. Cada norma alimentaria sectorial determinará los criterios con arreglo a los cuales las sustancias pueden incluirse en la lista comunitaria prevista en el artículo 2, el contenido del Reglamento previsto en el artículo 7 y, en su caso, las disposiciones transitorias relativas a los procedimientos en curso.

Artículo 2
Lista comunitaria de sustancias

1. En el marco de cada norma alimentaria sectorial, las sustancias cuya comercialización en la Comunidad está autorizada figuran en una lista cuyo contenido está determinado por dicha norma (denominada en lo sucesivo «la lista comunitaria»). La actualización de la lista comunitaria será responsabilidad de la Comisión. La lista se publicará en el *Diario Oficial de la Unión Europea*.

2. Se entenderá por «actualización de la lista comunitaria»:

a) la inclusión de una sustancia en la lista comunitaria;

b) la retirada de una sustancia de la lista comunitaria;

c) la inclusión, la supresión o la modificación de las condiciones, las especificaciones o las restricciones que están vinculadas a la presencia de una sustancia en la lista comunitaria.

CAPÍTULO II
PROCEDIMIENTO COMÚN

Artículo 3
Principales etapas del procedimiento común

1. El procedimiento común para la actualización de la lista comunitaria podrá iniciarse a iniciativa de la Comisión o en respuesta a una solicitud. Esta solicitud podrá presentarla un Estado miembro o una persona interesada, que a su vez podrá representar a varias personas interesadas, en las condiciones establecidas en las disposiciones de aplicación mencionadas en el artículo 9, apartado 1, letra a) (denominado en lo sucesivo «el solicitante»). Las solicitudes se dirigirán a la Comisión.

2. La Comisión recabará previamente el dictamen de la Autoridad Europea de Seguridad Alimentaria (denominada en lo sucesivo «la Autoridad»), que se emitirá de conformidad con el artículo 5.

No obstante, para las actualizaciones mencionadas en el artículo 2, apartado 2, letras b) y c), la Comisión no estará obligada a recabar el dictamen de la Autoridad si las actualizaciones de que se trata no son susceptibles de tener una repercusión en la salud humana.

3. El procedimiento común concluirá mediante la adopción por la Comisión de un reglamento por el que se efectúe la actualización, con arreglo al artículo 7.

4. No obstante lo dispuesto en el apartado 3, la Comisión, en cualquier fase del procedimiento, podrá poner fin al procedimiento común y renunciar a efectuar la actualización prevista, si considera que la actualización de que se trate no está justificada. En su caso, tendrá en cuenta el dictamen de la Autoridad, la opinión de los Estados miembros, así como

cualquier disposición pertinente de la legislación comunitaria y otros factores útiles para la cuestión examinada.

En este caso, la Comisión, si procede, informará directamente al solicitante y a los Estados miembros indicando en su carta los motivos por los que no considera justificada la actualización.

Artículo 4
Inicio del procedimiento

1. Cuando reciba una solicitud de actualización de la lista comunitaria, la Comisión:

a)remitirá por escrito un acuse de recibo al solicitante en el plazo de 14 días laborables tras la recepción de la solicitud;

b)en su caso, transmitirá la solicitud a la Autoridad lo antes posible y le presentará una solicitud de dictamen de conformidad con el artículo 3, apartado 2.

La Comisión permitirá el acceso de los Estados miembros a la solicitud.

2. La Comisión, en los casos en que inicie el procedimiento por propia iniciativa, informará de ello a los Estados miembros y, si procede, presentará una solicitud de dictamen a la Autoridad.

Artículo 5
Dictamen de la Autoridad

1. La Autoridad emitirá un dictamen en un plazo de nueve meses a partir de la recepción de una solicitud válida.

2. La Autoridad transmitirá su dictamen a la Comisión, a los Estados miembros y, si procede, al solicitante.

Artículo 6

Datos complementarios en relación con la determinación del riesgo

1. En los casos debidamente justificados en que la Autoridad pida datos complementarios al solicitante, podrá ampliarse el plazo mencionado en el artículo 5, apartado 1. La Autoridad, previa consulta del solicitante, establecerá un plazo en el que puedan comunicarse estos datos e informará a la Comisión sobre el plazo adicional necesario. Si la Comisión no presenta ninguna objeción en los ocho días laborables posteriores a la fecha en que haya sido informada por la Autoridad, el plazo mencionado en el artículo 5, apartado 1, se ampliará automáticamente con el plazo adicional. La Comisión informará a los Estados miembros de la citada ampliación.

2. Si no se comunican a la Autoridad los datos complementarios en el plazo adicional mencionado en el apartado 1, la Autoridad finalizará su dictamen sobre la base de los datos que ya se hayan comunicado.

3. Cuando el solicitante presente datos complementarios por su propia iniciativa, los comunicará a la Autoridad y a la Comisión. En este caso, la Autoridad emitirá su dictamen en el plazo inicial, sin perjuicio de lo dispuesto en el artículo 10.

4. La Autoridad permitirá el acceso de los Estados miembros y de la Comisión a los datos complementarios.

Artículo 7

Actualización de la lista comunitaria

1. En un plazo de nueve meses tras el dictamen de la Autoridad, la Comisión presentará al comité mencionado en el artículo 14, apartado 1, un proyecto de reglamento por el que se actualice la lista comunitaria, teniendo en cuenta el dictamen de la Autoridad así como cualquier disposición pertinente de la

legislación comunitaria y otros factores legítimos que tengan relación con el asunto considerado.

En los casos en los que no se solicite un dictamen de la Autoridad, el plazo de nueve meses comenzará en la fecha en que la Comisión haya recibido una solicitud válida.

2. En el Reglamento por el que se actualiza la lista comunitaria se explicarán las consideraciones en las que se basa.

3. Cuando el proyecto de reglamento no sea conforme al dictamen de la Autoridad, la Comisión motivará las razones de su decisión.

4. Las medidas destinadas a modificar elementos no esenciales de cada norma alimentaria sectorial, correlativas a la retirada de una sustancia de la lista comunitaria, se adoptarán con arreglo al procedimiento de reglamentación con control contemplado en el artículo 14, apartado 3.

5. Por razones de eficacia, las medidas destinadas a modificar elementos no esenciales de cada norma alimentaria sectorial, incluso completándola, correlativas a la inclusión de una sustancia en la lista comunitaria y para la inclusión, supresión o la modificación de las condiciones, las especificaciones o las restricciones que estén vinculadas a la presencia de una sustancia en la lista comunitaria, se adoptarán de conformidad con el procedimiento de reglamentación con control contemplado en el artículo 14, apartado 4.

6. Por imperiosas razones de urgencia, la Comisión podrá hacer uso del procedimiento de urgencia contemplado en el artículo 14, apartado 5, para retirar una sustancia de la lista comunitaria y para incluir, suprimir o modificar las condiciones, las especificaciones o las restricciones que estén vinculadas a la presencia de una sustancia en la lista comunitaria.

Artículo 8

Datos complementarios en relación con la gestión del riesgo

1. Cuando la Comisión pida al solicitante datos complementarios sobre aspectos relativos a la gestión del riesgo, fijará, en concertación con el solicitante, un plazo en el que puedan comunicarse dichos datos. En este caso, podrá ampliarse en consecuencia el plazo mencionado en el artículo 7. La Comisión informará a los Estados miembros sobre la ampliación del plazo y pondrá a disposición de los Estados miembros los datos complementarios una vez comunicados.

2. Si no se comunican los datos complementarios en el plazo adicional mencionado en el apartado 1, la Comisión actuará sobre la base de los datos ya comunicados.

CAPÍTULO III

DISPOSICIONES VARIAS

Artículo 9

Medidas de ejecución

1. La Comisión adoptará con arreglo al procedimiento de reglamentación mencionado en el artículo 14, apartado 2, y en un plazo de 24 meses a partir de la adopción de cada norma alimentaria sectorial, las medidas de ejecución del presente Reglamento, en particular en relación con:

a) el contenido, la redacción y la presentación de la solicitud mencionada en el artículo 4, apartado 1;

b) las modalidades de control de la validez de la solicitud;

c) la naturaleza de la información que debe figurar en el dictamen de la Autoridad a que hace referencia el artículo 5.

2. La Comisión, con vistas a la adopción de las medidas de ejecución mencionadas en el apartado 1, letra a), consultará a la Autoridad que le presentará, en un plazo de seis meses después de la fecha de entrada en vigor de cada norma alimentaria sectorial, una propuesta relativa a los datos necesarios para la determinación del riesgo de las sustancias en cuestión.

Artículo 10
Ampliación de los plazos

En circunstancias excepcionales, la Comisión, por su propia iniciativa o, en su caso, a petición de la Autoridad, podrá ampliar los plazos mencionados en el artículo 5, apartado 1, y en el artículo 7, si las características del expediente lo justifican, sin perjuicio de lo establecido en el artículo 6, apartado 1, y en el artículo 8, apartado 1.

En este caso, la Comisión, si procede, informará al solicitante y a los Estados miembros sobre esta ampliación de los plazos así como sobre los motivos que la justifican.

Artículo 11
Transparencia

La Autoridad asegurará la transparencia de sus actividades de conformidad con el artículo 38 del Reglamento (CE) n° 178/2002. En particular, hará públicos sus dictámenes sin demora.

Asimismo, hará públicas las solicitudes de dictamen así como cualquier ampliación de plazo en virtud del artículo 6, apartado 1.

Artículo 12

Confidencialidad

1. Podrá aplicarse un trato confidencial a los datos comunicados por el solicitante cuya divulgación pudiera perjudicar seriamente su posición competitiva.

Bajo ninguna circunstancia, se considerarán confidenciales los datos siguientes:

a) el nombre y la dirección del solicitante;

b) el nombre y una descripción clara de la sustancia;

c) la justificación de la utilización de la sustancia en alimentos específicos o en su superficie, o en las categorías de alimentos;

d) los datos que presenten un interés para la determinación de la seguridad de la sustancia;

e) si procede, el método o los métodos de análisis.

2. A efectos de la aplicación del apartado 1, el solicitante indicará, entre los datos comunicados, los que desee que se traten de manera confidencial. En dichos casos, deberá aportar una justificación verificable.

3. Previa consulta de los solicitantes, la Comisión determinará cuáles son los datos que pueden seguir siendo confidenciales y lo comunicará a los solicitantes y a los Estados miembros.

4. El solicitante, una vez conozca la posición de la Comisión, dispondrá de un plazo de tres semanas para retirar su solicitud a fin de mantener la confidencialidad de los datos transmitidos. Se mantendrá la confidencialidad hasta que haya expirado este plazo.

5. La Comisión, la Autoridad y los Estados miembros adoptarán, de conformidad con el Reglamento (CE) nº 1049/2001, las medidas necesarias para garantizar la confidencialidad de los datos recibidos en virtud de lo dispuesto en el presente

Reglamento, salvo que se trate de datos que las circunstancias obliguen a hacer públicos para proteger la salud humana, la sanidad animal o el medio ambiente.

6. Si un solicitante retira o ha retirado una solicitud, la Comisión, la Autoridad y los Estados miembros no divulgarán la información confidencial, incluida la información con respecto a cuya confidencialidad la Comisión y el solicitante no se hubieran puesto de acuerdo.

7. La aplicación de los apartados 1 a 6 no afectará a la circulación de información entre la Comisión, la Autoridad y los Estados miembros.

Artículo 13

Situaciones de emergencia

Cuando se produzca una situación de emergencia en relación con una sustancia que figure en la lista comunitaria, especialmente a la luz de un dictamen de la Autoridad, deberán tomarse medidas de conformidad con los procedimientos mencionados en los artículos 53 y 54 del Reglamento (CE) n° 178/2002.

Artículo 14

Procedimiento de comité

1. La Comisión estará asistida por el Comité permanente de la cadena alimentaria y de sanidad animal creado en virtud del artículo 58 del Reglamento (CE) n° 178/2002.

2. En los casos en que se haga referencia al presente apartado, serán de aplicación los artículos 5 y 7 de la Decisión 1999/468/CE, observando lo dispuesto en su artículo 8.

El plazo contemplado en el artículo 5, apartado 6, de la Decisión 1999/468/CE queda fijado en tres meses.

3. En los casos en que se haga referencia al presente apartado, serán de aplicación el artículo 5 *bis*, apartados 1 a 4, y el artículo 7 de la Decisión 1999/468/CE, observando lo dispuesto en su artículo 8.

4. En los casos en que se haga referencia al presente apartado, serán de aplicación el artículo 5 *bis*, apartados 1 a 4 y apartado 5, letra b), y el artículo 7 de la Decisión 1999/468/CE, observando lo dispuesto en su artículo 8.

Los plazos contemplados en el artículo 5 *bis*, apartado 3, letra c), y apartado 4, letras b) y e), de la Decisión 1999/468/CE quedan fijados, respectivamente, en dos meses, dos meses y cuatro meses.

5. En los casos en que se haga referencia al presente apartado, serán de aplicación el artículo 5 *bis*, apartados 1, 2, 4 y 6, y el artículo 7 de la Decisión 1999/468/CE, observando lo dispuesto en su artículo 8.

Artículo 15
Autoridades competentes de los Estados miembros

A más tardar seis meses después de la entrada en vigor de cada norma alimentaria sectorial, los Estados miembros transmitirán a la Comisión y a la Autoridad, en el marco de cada norma alimentaria sectorial, el nombre y la dirección, así como un punto de contacto, de la autoridad nacional competente en lo que respecta al procedimiento común.

CAPÍTULO IV
DISPOSICIÓN FINAL
Artículo 16
Entrada en vigor

El presente Reglamento entrará en vigor a los veinte días de su publicación en el *Diario Oficial de la Unión Europea*.

Será aplicable, para cada norma alimentaria sectorial, en la fecha de aplicación de las medidas contempladas en el artículo 9, apartado 1.

El artículo 9 se aplicará a partir del 20 de enero de 2009.

El presente Reglamento será obligatorio en todos sus elementos y directamente aplicable en cada Estado miembro.

Hecho en Estrasburgo, 16 de diciembre de 2008.

Por el Parlamento Europeo

El Presidente

H.-G. PÖTTERING

Por el Consejo

El Presidente

B. LE MAIRE

(¹) DO C 168 de 20.7.2007, p. 34.

(²) Dictamen del Parlamento Europeo de 10 de julio de 2007 (DO C 175 E de 10.7.2008, p. 134), Posición Común del Consejo de 10 de marzo de 2008 (DO C 111 E de 6.5.2008, p. 1), Posición del Parlamento Europeo de 8 de julio de 2008 (no publicada aún en el Diario Oficial) y Decisión del Consejo de 18 de noviembre de 2008.

(³) Véase la página 16 del presente Diario Oficial.

(⁴) Véase la página 7 del presente Diario Oficial.

(⁵) Véase la página 34 del presente Diario Oficial.

(⁶) DO L 31 de 1.2.2002, p. 1.

(⁷) Reglamento (CE) n° 2230/2004, de 23 de diciembre de 2004, por el que se establecen las normas de desarrollo del Reglamento (CE) n° 178/2002 del Parlamento Europeo y del Consejo con respecto a la interconexión de las organizaciones que actúan en los ámbitos comprendidos en el cometido de la Autoridad Europea de Seguridad Alimentaria (DO L 379 de 24.12.2004, p. 64).

(⁸) DO L 145 de 31.5.2001, p. 43.

(⁹) DO L 184 de 17.7.1999, p. 23.

(¹⁰) DO L 309 de 26.11.2003, p. 1.

Anexo 2
REGLAMENTACIÓN TÉCNICO SANITARIA DE ADITIVOS ALIMENTARIOS

Nota: Este documento es de carácter informativo. No tiene valor jurídico. Esta Reglamentación ha sido derogada, pero la exponemos porque la consideramos interesante a título informativo.

Art. 1. Ámbito de aplicación.

La presente reglamentación aplicará a los aditivos alimentarios que figuran en las categorías enunciadas en el artículo 3.° y que se utilizan o están destinados a ser utilizados como componentes en la fabricación o preparación de productos alimenticios y que sigan estando presentes en los productos elaborados, eventualmente en forma modificada, denominados en lo sucesivo "aditivos alimentarios".

Esta reglamentación obliga a aquellas personas naturales o jurídicas, que dedican su actividad a la fabricación, elaboración, manipulación, circulación, comercialización o importación de los productos definidos en el artículo 2.º

Esta reglamentación no se aplicará a:

- Los coadyuvantes tecnológicos, entendiéndose como tal a cualquier sustancia que no se consuma como ingrediente alimenticio en sí, que se utilice intencionadamente en la transformación de materias primas, de productos alimenticios o de sus ingredientes, para cumplir un objetivo tecnológico determinado durante el tratamiento o la transformación, y que pueda tener como resultado la presencia no intencionada, pero técnicamente inevitable, de residuos de dicha sustancia o de sus derivados en el producto acabado, siempre que dichos residuos no presenten riesgo sanitario y no tengan efectos tecnológicos sobre el producto acabado.

- Las sustancias empleadas para la protección de plantas y productos vegetales con arreglo a la reglamentación técnico-sanitaria para la fabricación, comercialización y utilización de plaguicidas, aprobada por Real Decreto 3349/1983, de 30 de noviembre ("Boletín Oficial del Estado" de 24 de enero de 1984) y demás disposiciones que la desarrollan.

- Los aromas destinados a ser utilizados en los productos alimenticios y regulados mediante Real Decreto 1477/1990, de 2 de noviembre ("Boletín Oficial del Estado" del 22), por el que se aprueba la reglamentación técnico-sanitaria de los aromas que se utilizan en los productos alimenticios y de los materiales de base para su producción.

- Las sustancias añadidas a los productos alimenticios como productos nutritivos (tales como minerales, oligoelementos o vitaminas).

Art. 2. Definición y criterios generales.

2.1 A efectos de la presente reglamentación se entiende por "aditivo alimentario" cualquier sustancia que, normalmente no se consuma como alimento en sí, ni se use como ingrediente característico en la alimentación, independientemente de que tenga o no valor nutritivo, y cuya adición intencionada a los productos alimenticios, con un propósito tecnológico en la fase de su fabricación, transformación, preparación, tratamiento, envase, transporte o almacenamiento tenga, o pueda esperarse razonablemente que tenga, directa o indirectamente, como resultado que el propio aditivo o sus subproductos se conviertan en un componente de dichos productos alimenticios.

Sólo podrán utilizarse los incluidos en las listas positivas aprobadas por el Ministerio de Sanidad y Consumo y se someterán en su uso a las condiciones y dosis máximas establecidas en las mencionadas listas positivas.

2.2 Para la inclusión de un "aditivo" en las citadas "listas positivas" será imprescindible que el producto se adapte a los criterios generales para la utilización de aditivos, que figuran en el anejo 3.

2.3 Si, como resultado de nuevas informaciones o de la reconsideración de informaciones ya existentes sobre aditivos autorizados, hubiese motivos concretos para considerar que la utilización de un aditivo en productos alimenticios, supone riesgos para la salud humana, el Ministerio de Sanidad y Consumo podrá suspender o restringir temporalmente la autorización de dicho aditivo. Se informará de ello inmediatamente a los demás Estados miembros y a la Comisión de las Comunidades Europeas, indicando los motivos que justifican su decisión.

2.4 Para adaptarse a la evolución científico o técnica, el Ministerio de Sanidad y Consumo podrá autorizar a título provisional el comercio y el uso de aditivos no incluidos en las listas específicas de las categorías enumeradas en el articulo 3.° de la presente reglamentación, siempre y cuando se respeten las siguientes condiciones:

a) La autorización deberá limitarse a un periodo de dos años como máximo.

b) Las Administraciones Sanitarias competentes efectuarán controles oficiales de los productos alimenticios en los que el aditivo autorizado se hubiese utilizado.

c) En la autorización se podrá imponer una indicación especial en el etiquetado de los productos alimenticios fabricados con el aditivo autorizado.

En el plazo de dos meses, contados a partir de la fecha en la que surta efecto dicha decisión, se comunicará a los demás Estados miembros y a la Comisión de las Comunidades Europeas el texto de la autorización adoptada.

2.5 Ningún alimento contendrá aditivos que no estén incluidos en la correspondiente lista positiva, salvo que su presencia en él sea únicamente debida a que esté contenido en uno o varios de sus ingredientes, para los que se encuentran legalmente autorizados y siempre que no cumplan función tecnológica en el producto final.

Art. 3. Clasificación.

En función de su acción se establecen las siguientes categorías de aditivos alimentarios:

Colorante.

Conservador.

Antioxidante.

Emulgente.

Sales de fundido.

Espesante.

Gelificante.

Estabilizador (se incluyen en esta categoría los estabilizadores de espuma).

Potenciador del sabor.

Acidulante.

Corrector de la acidez (las regulaciones de pH pueden realizarse en ambos sentidos).

Antiaglomerante.

Almidón modificado.

Edulcorante.

Gasificante.

Antiespumante.

Agente de recubrimiento (se incluyen en esta categoría los agentes desmoldeadores).

Agente de tratamiento de la harina.

Endurecedor.

Humectante.

Secuestrante.

Enzimas (sólo se incluyen en esta categoría los enzimas que tienen función de aditivos).

Agente, de carga.

Gas propulsor y gas de envasado.

La inclusión de los aditivos alimentarios en alguna de estas categorías se efectuará de acuerdo con la función principal que normalmente se les asocie. Sin embargo, la clasificación en una categoría particular no excluirá la posibilidad de que dicho aditivo pueda ser autorizado para otras funciones.

Art. 4. Condiciones de las industrias, de los materiales y del personal.

4.1 Requisitos industriales.

Las industrias elaboradoras, envasadoras, comercializadoras y/o importadoras de aditivos alimentarios cumplirán las siguientes exigencias:

4.1.1 Los locales destinados a la fabricación, elaboración, envasado y en general manipulación de materias primas, productos intermedios o terminados estarán separados de otros que se dediquen a procesos ajenos a los indicados, salvo los referentes a productos alimenticios expresamente autorizados.

En el caso de plantas industriales destinadas a la fabricación de productos químicos, de los cuales puedan derivar aditivos alimentarios, el proceso tecnológico y el control de calidad garantizará que éstos cumplan con los requisitos que para ellos se establecen en el apartado 8.º de la presente Reglamentación.

4.1.2 Les serán de aplicación los Reglamentos vigentes de recipientes a presión, electrotécnicos para alta y baja tensión y en general cualesquiera otros de carácter industrial y de higiene laboral que conforme a su naturaleza o fin corresponda.

4.1.3 Los recipientes, máquinas y utensilios destinados a estar en contacto con los productos elaborados, con sus materias primas o con los productos intermedios, serán de materiales que no alteren las características de su contenido, ni la de ellos mismos.

4.1.4 Las instalaciones industriales deberán tener una superficie adecuada a la elaboración, variedad, manipulación y volumen de fabricación de los productos con localización aislada de los servicios, oficinas, vestuarios lavabos y almacenes.

4.1.5 El agua utilizada en el proceso de fabricación y limpieza de todo el material que esté en contacto con los productos contemplados en esta Reglamentación será potable o sanitariamente permisible, según los casos, de acuerdo con lo establecido en el Real Decreto 1423/1982, de 18 de junio («Boletín Oficial del Estado» del 29), por el que se aprueba la Reglamentación Técnico-Sanitaria para el Abastecimiento y Control de Calidad de las Aguas Potables de Consumo Público, y deberá ser sometida a los tratamientos necesarios según el fin a que se destine.

Podrá utilizarse agua de otras características en generadores de vapor, instalaciones frigoríficas, bocas de incendio o servicios auxiliares, siempre que no exista conexión de esta red con la del agua utilizada para cualquier otro uso.

4.1.6 Las industrias, establecimientos elaboradores y almacenes de aditivos alimentarios dispondrán de las instalaciones necesarias para aquellos productos que requieran condiciones especiales de conservación a temperatura o grado de humedad determinados, con capacidad siempre acorde con su volumen de producción y venta.

4.2 Requisitos higiénico-sanitarios.

De modo genérico las industrias de fabricación, elaboración, envasado y/o almacenamiento de aditivos alimentarios habrán de reunir las condiciones mínimas siguientes:

4.2.1 Los locales de fabricación, elaboración, envasado y/o almacenamiento y sus anexos, en todo caso, deberán ser adecuados para el uso a que se destinan, con accesos fáciles y amplios situados a conveniente distancia de cualquier causa de suciedad, contaminación o insalubridad y separados rigurosamente de viviendas o locales donde pernocte o haga sus comidas el personal.

4.2.2 En su construcción y reparación se emplearán materiales idóneos y que en ningún caso originen intoxicaciones o contaminaciones. Los pavimentos serán impermeables, resistentes, lavables e ignífugos, dotándolos de los sistemas adecuados de desagüe y de protección contra incendios.

4.2.3 Las paredes y techos se construirán con materiales que permitan su conservación en adecuadas condiciones de limpieza y pintura, y en forma que las uniones entre ellos, así como las paredes con los suelos no tengan ángulos y aristas vivas.

4.2.4 La ventilación e iluminación, naturales o artificiales, serán las reglamentarias y, en todo caso, apropiadas al destino, capacidad y volumen del local.

4.2.5 Dispondrán en todo momento de agua corriente de acuerdo con el 4.1.5 en cantidad suficiente para la elaboración, envasado y preparación de sus productos y para la limpieza y el lavado de locales, instalaciones y elementos industriales así como para el aseo del personal.

4.2.6 Habrán de tener servicios higiénicos con lavabo adjunto y vestuarios en número y características acomodadas a lo que prevean en cada caso las autoridades competentes.

En los locales donde se manipulen los productos se dispondrán lavamanos de funcionamiento no manual, en número necesario, con dosificador de jabón y toallas de un solo uso u otro sistema de análoga seguridad higiénica.

4.2.7 Todos los locales deberán mantenerse constantemente en estado de pulcritud y limpieza, que habrá de llevarse a cabo por los métodos más apropiados para no levantar polvo ni originar alteraciones ni contaminaciones.

4.2.8 Todas las máquinas y demás elementos que estén en contacto con las materias primas o auxiliares, productos en curso de elaboración, productos elaborados y envases serán de características tales que no puedan transmitir al producto propiedades nocivas y originar en contacto con él reacciones químicas. Iguales precauciones se tomarán en cuanto a los recipientes, elementos de transporte envases provisionales y locales de almacenamiento. Todos los elementos estarán construidos en forma tal que puedan mantenerse en perfectas condiciones de higiene y limpieza.

4.2.9 Contarán con instalaciones adecuadas en su construcción y emplazamiento para garantizar la conservación de los aditivos alimentarios en óptimas condiciones de higiene y limpieza, evitando su contaminación, así como la presencia de insectos, roedores, aves y otros animales.

4.2.10 Deberán mantener la temperatura adecuada, humedad relativa y conveniente circulación de aire de manera que los productos no sufran alteraciones, pérdida de actividad o cambio de sus características iniciales. Igualmente deberán estar protegidos los productos de la acción directa de la luz solar, cuando ésta le sea perjudicial.

4.2.11 Permitirán la rotación de las existencias y remociones periódicas, en función del tiempo de almacenamiento y condiciones de conservación que exija cada producto.

4.2.12 Cualesquiera otras condiciones técnicas, sanitarias, higiénicas y laborales establecidas o que establezcan en sus respectivas competencias los Organismos de la Administración Pública.

4.3 Condiciones generales de los materiales.

Todo material constituyente de aparatos y utensilios que tengan contacto con los aditivos alimentarios, en cualquier momento de su elaboración, manipulación y distribución mantendrá las condiciones siguientes, además de aquellas específicas que se señalen en esta Reglamentación.

4.3.1 Tener una composición adecuada y, en su caso, autorizada para el fin a que se destinen.

4.3.2 No ceder sustancias tóxicas, contaminantes y en general ajenas a la composición normal de los productos objeto de esta Reglamentación.

4.3.3 No alterar las características de composición, ni de pureza de los aditivos alimentarios.

4.4 Condiciones del personal.

El personal que trabaje en tareas de fabricación, elaboración, envasado y/o almacenamiento de los productos objeto de esta Reglamentación cumplirá los siguientes requisitos:

4.4.1 Utilizarán ropa adecuada a su trabajo, con la debida pulcritud e higiene. Usará cubrecabezas o redecilla, en su caso.

4.4.2 Queda prohibido: Comer, fumar y masticar chicle y tabaco en los locales de fabricación.

4.4.3 Todo productor aquejado de cualquier dolencia, padecimiento o enfermedad está obligado a poner el hecho en conocimiento de la dirección de la Empresa, quien, previo asesoramiento facultativo, determinará la procedencia o no de su continuación en ese puesto de trabajo.

4.4.4 Todo el personal que desempeñe actividades de producción y envasado, en su caso, deberá poseer carné sanitario de manipuladores de alimentos.

4.4.5 La higiene personal de todos los empleados será extremada y deberá cumplir las obligaciones generales, control del estado sanitario y otros que específica el Código Alimentario Español en sus artículos 2.08.05 y 2.08.06 y disposiciones que lo desarrollan. En relación con el contenido del presente artículo se estará a lo dispuesto con carácter general en el Reglamento de Manipuladores de Alimentos, aprobado por Real Decreto 2505/1983, de 4 de agosto.

4.5 Control de materias primas y productos terminados.

4.5.1 Todas las Empresas fabricantes de aditivos alimentarios deberán realizar los controles de materias primas y de cada lote de producto terminado que exija la fabricación correcta y el cumplimiento de la presente Reglamentación, bien en laboratorios propios o contratados, siempre que estén autorizados para la práctica de tales controles por el Ministerio de Sanidad y Consumo, de acuerdo con lo dispuesto en el artículo 21.1.c del Real Decreto 2924/1981, de 4 de diciembre, dentro de los propuestos por la Empresa fabricante en la solicitud de autorización e inscripción del producto en el Registro General Sanitario de Alimentos.

4.5.2 Las Empresas mezcladoras y envasadoras de aditivos alimentarios deberán realizar igualmente controles de materias primas y de cada lote de producto terminado, en idénticas condiciones que las expresadas en el punto anterior, pudiendo prescindir de los de las materias primas cuando el proveedor de las mismas le haya suministrado certificado de análisis del producto.

4.5.3 Para las Empresas comercializadoras e importadoras que no manipulen los productos se considerará suficiente el certificado de análisis entregado por el proveedor y que, en el caso de productos de importación, deberá estar avalado por un Organismo oficial competente del país de origen.

4.5.4 De todas las determinaciones efectuadas se conservarán los boletines de análisis con los datos obtenidos, por un período mínimo de dos años.

4.5.5 El control de las materias primas, envases y lotes de fabricación y en general, cuantas pruebas exijan una garantía de fabricación correcta, se efectuarán de acuerdo con los métodos que se publiquen por el Organismo competente, hasta tanto no existan los que correspondan, la Comisión Interministerial para la Ordenación Alimentaria recomendará los métodos precisos, coordinando su actuación con el Centro Nacional de Alimentación y Nutrición, con el Centro de Investigación y Control de la Calidad y con el Laboratorio Agrario del Estado.

Art. 5. Registros administrativos.

Sin perjuicio de la legislación industrial competente los fabricantes, elaboradores, envasadores, comercializadores e importadores de aditivos alimentarios deberán inscribirse en el Registro General Sanitario de Alimentos, de acuerdo con lo dispuesto en el Real Decreto 2825/1981, de 27 de noviembre («Boletín Oficial del Estado» de 2 de diciembre); se exceptúan los productos definidos en el punto 3.2.9 de la presente Reglamentación, que se regirán por el Decreto 406/1975, de 7 de marzo, por el que se aprueba la Reglamentación Técnico-Sanitaria de Agentes Aromáticos para la Alimentación.

Cuando estos industriales lleven a cabo otras fabricaciones complementarias sujetas a las regulaciones establecidas por la Reglamentación Técnico-Sanitaria de materiales poliméricos en relación con los productos alimenticios y alimentarios, o cualesquiera otros productos, deberán hacerlo constar en la documentación presentada al inscribirse en el Registro General Sanitario de Alimentos, y deberán cumplir los requisitos establecidos en las Reglamentaciones Técnico-Sanitarias específicas.

Art. 6. Características de los productos.

Los distintos tipos de aditivos alimentarios deberán cumplir las siguientes condiciones:

6.1 Estar en perfectas condiciones para su empleo.

6.2 Proceder de materias primas que no estén alteradas, adulteradas o contaminadas. En el caso de que las primeras materias no cumplan esta condición se determinarán en ellas las sustancias causantes y se comprobará que en el producto final no están presentes dichas sustancias o los productos que puedan resultar de la transformación de éstas, mediante riguroso control, que figurará en los boletines de análisis a que alude el punto 4.5 de esta Reglamentación, y que cumple las correspondientes normas de identidad y pureza establecidas para los aditivos alimentarios.

6.3 Estarán debidamente protegidos de las condiciones ambientales adversas, de insectos u otros animales posibles portadores de contaminaciones.

6.4 Hasta el momento de su utilización estarán colocados en envases, en condiciones técnicas apropiadas, con materiales que resistan los tratamientos de procesado y limpieza.

6.5 Los productos elaborados, cualquiera que sea su tipo, dispuestos para su utilización, deberán ajustarse en su composición total a las fórmulas que con sus denominaciones específicas figuran en las etiquetas.

6.6 Los aditivos alimentarios deberán ajustarse en su composición cuantitativa y características a los declarados en la Memoria presentada por el fabricante al inscribirlos en el Registro General Sanitario de Alimentos.

6.7 Estarán libres de parásitos en cualquiera de sus formas, de microorganismos patógenos y toxinas de origen microbiano.

6.8 Sus contenidos de impurezas no sobrepasarán los límites establecidos en cada caso en las normas de identidad y pureza aprobadas previo informe de la Comisión Interministerial para la Ordenación Alimentaria, mediante Orden del Ministerio de Sanidad y Consumo.

Art. 7. Manipulaciones permitidas y prohibidas.

7.1 Los procedimientos tecnológicos empleados para la elaboración y conservación de los aditivos alimentarios asegurarán un correcto estado higiénico-sanitario en el momento de su utilización.

7.2 Se permite la utilización en la elaboración de colorantes de los diluyentes o soportes que se encuentran relacionados como anejo 1 de la presente Reglamentación.

7.3 Se permite la utilización en la elaboración de antioxidantes de los disolventes o soportes relacionados en el anejo 2 a la presente Reglamentación.

Mediante Resolución de la Subsecretaría de Sanidad y Consumo y previo informe de la Comisión Interministerial para la Ordenación Alimentaria se autorizarán los diluyentes o soportes para los restantes grupos de aditivos alimentarios.

7.4 Queda prohibido:

7.4.1 La elaboración de aditivos alimentarios en instalaciones o industrias que no posean las autorizaciones reglamentarias.

7.4.2 El almacenamiento en condiciones inadecuadas.

7.4.3 La comercialización de aditivos alimentarios en envases que carezcan de identificación y etiquetado reglamentarios según lo dispuesto en el epígrafe 8.4 de esta Reglamentación.

7.4.4 La utilización de aditivos en cualquiera de los casos o circunstancias que fija el punto 4.31.06 del Código Alimentario Español.

7.4.5 La compra, utilización o tenencia por los fabricantes de alimentos y bebidas de otros aditivos que los incluidos en las Listas Positivas para los productos que preparen.

7.4.6 La compraventa, cesión o simple tenencia de cualquier alimento o producto alimentario en cuya preparación se hayan utilizado aditivos no permitidos.

Art. 8. Etiquetado.

8.1 Aditivos alimentarios que no se destiñen a la venta al consumidor final.

Estos aditivos sólo podrán comercializarse si sus envases o embalajes llevan en caracteres visibles, claramente legibles e indelebles y expresados al menos en la lengua española oficial del Estado, las siguientes indicaciones:

8.1.1 Denominación.

8.1.1.1 Aditivos alimentarios vendidos por separado o mezclados entre sí.

Por cada aditivo debe figurar en orden decreciente respecto a la importancia ponderal con relación al total:

- El nombre establecido en la correspondiente lista positiva y su número CEE. En el caso de que no exista número CEE se sustituirá éste por el número asignado en la Resolución de 23 de julio de 1987, por la que se actualizan los números de identificación de los aditivos alimentarios ("Boletín Oficial del Estado" de 4 de agosto de 1987).

- En caso de carecer de los datos enumerados en el párrafo anterior se incluirá una descripción del aditivo que sea lo suficientemente precisa para permitir distinguirlo de otros aditivos con los que pudiera confundirse.

8.1.1.2 Aditivos alimentarios a los que se incorporan otras sustancias:

- Cuando se incorporen a los aditivos otras sustancias, materias o ingredientes alimentarios, para facilitar el almacenamiento, la venta, la normalización, la dilución o la disolución de uno o varios aditivos alimentarios, el nombre del aditivo, de conformidad con lo dispuesto en 8.1.1.1, así como la indicación de cada componente, en orden decreciente respecto a la importancia ponderal con relación al total.

8.1.2 La indicación "para ser utilizado en productos alimenticios" o "para productos alimenticios, utilización limitada", o una indicación más específica sobre la utilización alimentaria a que se destine el aditivo.

8.1.3 Las condiciones específicas de conservación y de utilización, cuando sea necesario.

8.1.4 Instrucciones de uso, en caso de que la omisión de las mismas no permitiese hacer uso apropiado del aditivo.

8.1.5 Identificación del lote de fabricación.

8.1.6 El nombre o la razón social o la denominación y la dirección del fabricante o del envasador o de un vendedor establecido en la Comunidad Económica Europea.

8.1.7 La indicación del porcentaje de todo componente cuya incorporación a un alimento esté sujeta a una limitación cuantitativa, o una información adecuada sobre la composición para que el comprador pueda atenerse a las disposiciones comunitarias o, en su defecto, a las disposiciones nacionales aplicables al alimento de que se trate. En caso de que la misma limitación cuantitativa se aplique a un grupo de componentes utilizados por separado o combinados, el porcentaje combinado podrá indicarse con una sola cifra.

8.1.8 La cantidad neta.

8.1.9 Sin perjuicio de lo dispuesto en los apartados anteriores, las menciones que se citan en el apartado 8.1.1.2 y en los apartados 8.1.4, 8.1.5, 8.1.6 y 8.1.7, podrán figurar sólo en los documentos comerciales relativos a la partida, que se deberán presentar en el momento de la entrega o antes de ésta, a condición de que, en lugar visible del envase o del embalaje del producto considerado, figure la indicación "para la fabricación de productos alimenticios, con exclusión de toda venta al por menor".

8.2 Aditivos alimentarios destinados a la venta directa al consumidor final.

Estos aditivos sólo podrán comercializarse si los envases o paquetes que los contengan lleven, en caracteres visibles, claramente legibles e indelebles, expresadas en la forma prevista en el artículo 19 del Real Decreto 1122/1988, de 23 de septiembre, por el que se aprueba la norma general de etiquetado, presentación y publicidad de los productos alimenticios envasados, las siguientes indicaciones:

8.2.1 La denominación de venta del producto. Tal denominación estará compuesta por el nombre con que figura en las listas positivas y su número CEE o, en su defecto, el número asignado en la Resolución de 23 de julio de 1987, por la que se actualizan los números de identificación de los aditivos alimentarios ("Boletín Oficial del Estado" de 4 de agosto) o una descripción del aditivo que sea lo suficientemente precisa para permitir distinguirlo de otros aditivos con los que se pudiera confundir.

8.2.2 Las informaciones requeridas en los apartados del 8.1.1 al 8.1.6 y 8.1.8.

8.2.3 La fecha de duración mínima que se expresará de acuerdo con lo dispuesto en el Real Decreto 1122/1988, de 23 de septiembre, por el que se aprueba la norma general de etiquetado, presentación y publicidad de los productos alimenticios envasados.

8.3 Las disposiciones incluidas en los apartados 8.1 y 8.2 no afectan a las disposiciones legales, reglamentarias o administrativas más detalladas o más amplias relativas a la metrología o a la presentación, clasificación, embalaje y etiquetado de sustancias y preparados peligrosos o al transporte de tales sustancias.

Art. 9. Almacenamiento, transporte y venta.

9.1 El transporte y almacenamiento de los aditivos alimentarios deberán hacerse independientemente de sustancias tóxicas, parasiticidas, rodenticidas y otros agentes de prevención y exterminio, o de cualquier otra causa que pueda originar su alteración o contaminación.

9.2 Se transportarán y comercializarán siempre debidamente envasados, embalados y etiquetados y serán vendidos en sus envases íntegros.

9.3 Todos los lugares donde se almacenen los aditivos alimentarios, aunque sean provisionales, así como los medios de transporte, deberán ajustarse a las condiciones establecidas en el capítulo VI del Código Alimentario Español y disposiciones que lo desarrollan.

Art. 10. Comercio exterior.

10.1 Exportación.

Los productos objeto de esta Reglamentación dedicados a la exportación se ajustarán a lo que dispongan en esta materia los Ministerios competentes. Cuando estos productos no cumplan lo dispuesto en esta Reglamentación, llevarán en caracteres bien visibles impresa la palabra «Export» y no podrán comercializarse ni consumirse en España, salvo autorización expresa de los Ministerios responsables, previo informe favorable de la Comisión Interministerial para la Ordenación Alimentaria y siempre que no afecte a las condiciones de carácter sanitario.

10.2 Importación.

Los productos de importación comprendidos en la presente Reglamentación Técnico-Sanitaria de países que no sean parte del acuerdo de Ginebra sobre obstáculos técnicos al comercio, de 12 de abril de 1979 ratificado por España («Boletín Oficial del Estado» de 17 de noviembre de 1981), además de cumplir las disposiciones establecidas en la presente Reglamentación, deberán hacer constar en su etiquetado el país de origen.

Art. 11. Competencias y responsabilidades.

11.1 Los Departamentos responsables velarán por el cumplimiento de lo dispuesto en la presente Reglamentación, en el ámbito de sus respectivas competencias y a través de los Organismos administrativos encargados, que coordinarán sus actuaciones, y en todo caso sin perjuicio de las competencias que correspondan a las Comunidades autónomas y a las Corporaciones locales.

11.2 Responsabilidades.

11.2.1 La responsabilidad inherente a la identidad y pureza del producto contenido en envases o embalajes no abiertos, íntegros, corresponde al fabricante o importador de aditivos alimentarios.

11.2.2 La responsabilidad inherente a la identidad y pureza del producto contenido en envases abiertos corresponde al tenedor de los mismos.

11.2.3 La responsabilidad inherente a la mala conservación y/o manipulación del producto contenido en envases, abiertos o no, corresponde al tenedor de los mismos.

11.2.4 La responsabilidad de un correcto uso de los aditivos alimentarios será del fabricante de productos alimenticios si las instrucciones del etiquetado de los envases del aditivo responde a lo especificado en el punto 8.3.1.3. En caso contrario, será responsabilidad asimismo del fabricante o importador del aditivo.

Art. 12. Toma de muestras y métodos analíticos.

Los métodos oficiales de toma de muestras y de análisis específicos para los aditivos alimentarios serán aprobados por el Organismo competente a propuesta de la Comisión Interministerial para la Ordenación Alimentaria. Hasta tanto no existan los que correspondan, la Comisión Interministerial para la Ordenación Alimentaria recomendará los métodos precisos, coordinando su actuación con el Centro Nacional de Alimentación y Nutrición, con el Centro de Investigación y Control de la Calidad y con el Laboratorio Agrario del Estado.

Art. 13. Régimen sancionador.

Los infracciones a lo dispuesto en la presente Reglamentación serán sancionadas en cada caso por las autoridades competentes de acuerdo con la legislación vigente y con lo previsto en el Real Decreto 1945/1983, de 22 de junio, por el que se regulan las infracciones en materia de defensa del consumidor y en materia agroalimentaria, previa la instrucción del correspondiente expediente administrativo. En todo caso, el Organismo instructor del expediente que proceda, cuando sean detectadas infracciones de índole sanitaria, deberá dar cuenta inmediatamente de las mismas a las autoridades sanitarias que correspondan.

ANEJO 1

Diluyentes o soportes autorizados para la elaboración de colorantes:

Aceites y grasas comestibles.

Acetato de etilo.

Acido acético.

Acido cítrico.

Acido láctico.

Acido tartárico.

Agua potable.

Agua desmineralizada.

Agua destilada.

Alginato amónico.

Alginato potásico.

Alcohol isopropílico.

Alginato sódico.

Almidones.

Bicarbonato sódico.

Carbonato sódico.

Cera de abejas.

Cloruro sódico.

Dextrinas.

Diacetato de glicerol.

Etanol.

Eter dietílico.

Gelatina.

Glicerol.

Glucosa.

Hidróxido sódico.

Hidróxido amónico.

Lactosa.

Monoacetato de glicerol.

Pectinas.

Propilen-glicol.

Sacarosa.

Sorbitol.

Sulfato sódico.

Triacetato de glicerol.

Exclusivamerte para carotenoides y xantofilas:

Carragenatos.

Goma arábiga.

Esteres del ácido-L-ascórbico con ácidos grasos no ramificados de 14, 16 y 18 átomos de carbono.

ANEJO 2

Diluyentes o soportes autorizados para la elaboración de antioxidantes:

Aceites comestibles.

Agua potable.

Agua desmineralizada.

Agua destilada.

Alcohol etílico.

Grasas comestibles.

Glicerol.

Propilen-glicol (1,2 propanodiol).

Sorbitol.

ANEJO 3

Criterios generales para la utilización de aditivos alimentarios

1. Los aditivos alimentarios sólo podrán aprobarse cuando:

- Se pueda demostrar una necesidad tecnológica suficiente y cuando el objetivo que se busca no pueda alcanzarse por otros métodos económica y tecnológicamente utilizables.

- No representen ningún peligro para el consumidor en las dosis propuestas, en la medida en que sea posible juzgar sobre los datos científicos de que se dispone.

- No induzcan a error al consumidor.

2. El empleo de un aditivo alimentario sólo podrá considerarse una vez probado que el uso propuesto del aditivo reporta al consumidor ventajas demostrables; en otros términos conviene hacer la prueba de lo que se llama comunmente una "necesidad". El uso de aditivos alimentarios deberá responder a los objetivos indicados en las letras a) a d), y sólo se justificará cuando dichos objetivos no puedan alcanzarse por otros métodos económica y prácticamente utilizables y no presenten peligro alguno para la salud del consumidor.

a) Conservar la calidad nutritiva de los alimentos: La disminución deliberada de la calidad nutritiva de un alimento sólo se justificará si el alimento no constituye un elemento importante de un régimen normal, o si el aditivo fuera necesario para la producción de alimentos destinados a grupos de consumidores con necesidades nutritivas especiales.

b) Suministrar los ingredientes o constituyentes necesarios para productos alimenticios fabricados para grupos de consumidores que tengan necesidades nutritivas especiales.

c) Aumentar el tiempo de conservación o la estabilidad de un alimento o mejorar sus propiedades organolépticas, siempre que no se altere la naturaleza, la esencia o la calidad del alimento de una manera que pueda engañar al consumidor.

d) Ayudar a la fabricación, transformación, preparación, tratamiento, envasado, transporte o almacenamiento de alimentos; siempre que no se utilice el aditivo para disimular defectos del uso de materias primas defectuosas o de métodos indeseables (incluidos los antihigiénicos) a lo largo de cualquiera de dichas actividades.

3. Para determinar los posibles efectos nocivos de un aditivo alimentario o de sus derivados, el mismo deberá someterse a unas pruebas de evaluación toxicológica adecuadas. Dicha evaluación también debería tener en cuenta cualquier efecto acumulativo, sinérgico o de refuerzo dependiente de su uso, así como el fenómeno de intolerancia humana a las sustancias extrañas al organismo.

4. Todos los aditivos alimentarios deberán mantenerse en observación permanente y ser evaluados nuevamente siempre que sea necesario, teniendo en cuenta las variaciones de las condiciones de uso y los nuevos datos científicos.

5. Los aditivos alimentarios siempre deberán atenerse a los criterios de pureza aprobados.

6. La aprobación de aditivos alimentarios deberá:

a) Especificar los productos alimenticios a los que pueden añadirse dichos aditivos, así como, las condiciones para dicha adición.

b) Limitarse a la dosis mínima necesaria para alcanzar el efecto deseado.

c) Tener en cuenta cualquier dosis diaria admisible o dato equivalente, establecido para el aditivo alimentario, y la aportación cotidiana probable de dicho aditivo en todos los productos alimenticios. En caso de que el aditivo alimentario deba emplearse en productos consumidos por grupos especiales de consumidores se deberá tener en cuenta la dosis diana posible de dicho aditivo para dicho grupo de consumidores.

Anexo 3

LIBROS SOBRE CIENCIA Y TECNOLOGÍA DE LOS ALIMENTOS

EQUIPAMIENTO EN LAS INDUSTRIAS LÁCTEAS. Equipos e instalaciones en las granjas y las industrias lácteas.
Autores: A. Madrid y otros.
316 páginas y más de 100 ilustraciones.
Con fotografías, dibujos, diagramas de flujo, esquemas, tablas con datos de interés, gráficos). Tamaño: 24 x 17 cm. Peso: 1 Kg.

COMENTARIO DEL LIBRO:
Este libro quiere ser libro de consulta para profesionales, técnicos y ayudar a la formación de buenos profesionales en todas las áreas de la actividad láctea: granjas, centrales lecheras, fábricas de quesos, yogur, leche condensada, nata, mantequilla, postres lácteos, etc. El autor del libro ha trabajado en industrias lácteas en España e Italia, siendo un experto en estos temas, desde un punto de vista totalmente práctico. Si hay un tema que no se estudia a fondo en cualquier manual técnico y profesional de industrias lácteas, ese es la maquinaria. Por ello en este libro se estudian los equipos e instalaciones de una industria láctea: salas de ordeño, depósitos de enfriamiento de la leche, cisternas, bombas, pasteurizadores, equipos UHT, torres de esterilización, plantas de concentración, homogeneizadores, desaireadores, depósitos de regulación y de almacenamiento, equipos de control, mantequeras, tinas queseras, cámaras frigoríficas, envasadoras, etc. Es un libro único de consulta para profesionales, técnicos de todos los procesos de la industria láctea y para la formación en este sector.
ÍNDICE GENERAL DEL LIBRO: Capítulo1. LA LECHE Y LOS PRODUCTOS LÁCTEOS. Capítulo 2. EQUIPOS PARA PRODUCCIÓN DE LECHE EN LAS GRANJAS. Capítulo 3. SALAS DE ORDEÑO. Capítulo 4. EQUIPOS DE ENFRIAMIENTO DE LA LECHE EN LA GRANJA. Capítulo 5. SISTEMAS DE ALIMENTACIÓN DEL GANADO.

Capítulo 6. EQUIPOS PARA TRATAMIENTOS DE LA LECHE EN LA CENTRAL LECHERA. Capítulo 7. BOMBAS EN LAS INDUSTRIAS LÁCTEAS. Capítulo 8. EQUIPOS PARA EL TRATAMIENTO DE LA LECHE EN LA INDUSTRIA. Capítulo 9. EQUIPOS PARA TRATAMIENTOS TÉRMICOS. Capítulo 10. EQUIPOS PARA PASTEURIZACIÓN DE LA LECHE. Capítulo 11. EQUIPOS PARA ESTERILIZACIÓN. Capítulo 12. ENVASADO ASÉPTICO. Capítulo 13. EQUIPOS PARA LA FABRICACIÓN DE NATA Y MANTEQUILLA. Capítulo 14. FABRICACIÓN DEL QUESO. Capítulo 15. EQUIPOS PARA LA FABRICACIÓN DE LECHE EVAPORADA, CONCENTRADA Y CONDENSADA. Capítulo 16. EQUIPOS PARA LA FABRICACIÓN DE YOGUR Y POSTRES LÁCTEOS. Capítulo 17. EQUIPOS PARA LA LIMPIEZA Y DESINFECCIÓN EN LA INDUSTRIA LÁCTEA. Año: 2020. ISBN: 978-84-1223945-4.

CURSO DE FORMACIÓN EN TECNOLOGÍA DE LOS ALIMENTOS.

Autores: A. Madrid y otros.418 páginas y más de 220 ilustraciones (fotografías, dibujos, esquemas, diagramas, tablas con datos de interés). Tamaño: 24 x 17 cm. Peso: 1,1 Kg.
COMENTARIO DEL LIBRO:
Dada la importancia del sector de la alimentación, es esencial la publicación de una obra completa como esta para la formación en tecnología de los alimentos. Este libro está dirigido a estudiantes, profesores de tecnología de los alimentos, profesionales del sector agroalimentario que deseen tener un libro actualizado, general y de consulta. El libro consta de una parte teórica y otra práctica. En la parte teórica se presentan los conocimientos más actuales relativos a los alimentos, su composición, propiedades, su valor nutritivo, los aditivos en los alimentos, el etiquetado nutricional, alimentos funcionales, transgénicos, antioxidantes, ácidos grasos omega-3, prebióticos, prebióticos, la seguridad alimentaria y nutricional, trazabilidad, sistemas APPCC, etc. También se hace un estudio individualizado de cada alimento: leche, queso, yogur, carnes, embutidos, pescados, mariscos, grasas, aceites, zumos, mermeladas, huevos,

harinas, chocolate, salsas, frutos secos, etc. En la parte práctica, se estudian los equipos y técnicas de elaboración y envasado de todo tipo de alimentos: pasteurización, esterilización, bombeo, refrigeración, congelación, evaporación, secado, liofilización, filtración, homogeneización, ahumado, salazón, etc. Es un libro amplio, completo y actualizado que en un solo tomo contiene información muy valiosa para la formación y como libro de consulta de todos los agentes implicados en el sector de la tecnología alimentaria.

ÍNDICE GENERAL DEL LIBRO:

Capítulo 1. LOS ALIMENTOS. Capítulo 2. ALIMENTOS ANTIOXI-DANTES, FUNCIONALES Y TRANSGÉNICOS. Capítulo 3. EL ETIQUETADO NUTRICIONAL. Capítulo 4. LOS ADITIVOS. Capítulo 5. SEGURIDAD ALIMENTARIA. TRAZABILIDAD. Capítulo 6. EL SISTEMA DE ANÁLISIS DE PELIGROS Y PUNTOS CRÍTICOS DE CONTROL. Capítulo 7. LA LECHE. Capítulo 8. LOS PRODUCTOS LÁCTEOS. Capítulo 9. LOS HELADOS. Capítulo 10. CARNES Y PRODUCTOS CÁRNICOS. Capítulo 11. EL PESCADO Y SUS PRODUCTOS DERIVADOS. Capítulo 12. HUEVOS Y OVOPRODUCTOS. Capítulo 13. MERMELADAS, JALEAS Y MIEL. Capítulo 14. ZUMOS, NÉCTARES Y SALSA KETCHUP. Capítulo 15. PRODUCTOS DE BOLLERÍA, PASTELERÍA, GALLETAS, CARAMELOS, CHICLES, ETC. Capítulo 16. ACEITES Y GRASAS. Capítulo 17. CAFÉ, CACAO, CHOCOLATE Y TÉ. Capítulo 18. FRUTOS SECOS. Capítulo 19. CONDIMENTOS Y ESPECIAS. Capítulo 20. EQUIPAMIENTO EN LAS INDUSTRIAS ALIMENTARIAS. SOLUCIONES A LOS EJERCICIOS PRÁCTICOS. Año: 2022 (1ª Edición). ISBN: 978-84-124966-9-7.

MÉTODOS DE ANÁLISIS DE LA LECHE Y LOS PRODUCTOS LÁCTEOS.

Autores: A. Madrid y otros. 218 páginas con ilustraciones en blanco y negro. Tamaño: 24 x 17 cm. Peso: 0,5 Kg.

COMENTARIO DEL LIBRO:

En este libro se exponen los análisis a los que se someten la leche y los productos lácteos, para controlar su calidad y evitar intoxicaciones.

Este libro es de gran interés para empresas agroalimentarias, centrales lecheras, fabricantes de productos lácteos (queso, yogur, mantequilla, leche en polvo, leche condensada, postres lácteos, etc.), laboratorios, también para la formación de nuevos profesionales del sector.

ÍNDICE GENERAL:

Métodos aplicables a la leche. 1(a). Grasa (aplicable a leches natural, certificada, higienizada y esterilizada) 1(b). Grasa (aplicable a leche desnatada) 1(c). Grasa (aplicable a leches concentrada, evaporada y condensada). 1(d). Grasa (aplicable a leche en polvo). 1(e). Grasa (aplicable a leche natural) (Método Gerber). 2. Proteínas. 3. Caseína. 4. Lactosa. 5(a). Extracto seco (Leches natural, certificada, higienizada y esterilizada). 5(b). Extracto seco (Leches concentrada, evaporada y condensada). 6. Cenizas. 7. Dicromato potásico. 8(a). Acidez (Leches natural, certificada, higienizada y esterilizada). 8(b). Acidez (Leche en polvo). 9. Sacarosa (Determinación polarimétrica en la leche condensada). 10. Humedad (Leche en polvo). 11. Índice de solubilidad (Leche en polvo). 12. Calcio. 13. Fósforo. Análisis de la mantequilla. 1. Índice de acidez de la grasa en la mantequilla. 2.- Índice de refracción de la grasa en mantequilla. 3.- Cloruro sódico en la mantequilla. 4.- Agua, extracto seco magro y grasa en una sola muestra de mantequilla. 5. Detección de grasa vegetal en grasa de leche por cromatografía de gases de esteroles. 6. Fosfatasa residual en mantequilla7. Índices de ácidos grasos volátiles solubles e insolubles. 8. Índice de Kirschner. 9. Extracción de la grasa en mantequilla. Métodos de análisis de determinados tipos de leche parcial o totalmente deshidratada destinados a la alimentación humana. 0.- Preparación de la muestra para el análisis químico y consideraciones generales. Método 1.- Extracto seco (Estufa). Método 2: Humedad. (Estufa). Método 3.- Materia grasa

(Método Rose-Gottlieb). Método 4: Materia grasa en leche en polvo (Método Rose-Gottlieb). Método 5: Sacarosa (Método polarimétrico). Método 6: Ácido láctico y lactatos. Método 7: Actividad de la fosfatasa (Método de Sanders y Sager, modificado). Método 8: Actividad de la fosfatasa (Método Aschaffenburg y Mullen). Leche. 1. Detección de leche de vaca en mezclas con leche de oveja y cabra. 2. Sangre soluble. 3 (a) Determinación de leche de vaca en leche de oveja o de cabra (por electroforesis). 3 (b) Determinación de leche de vaca en leche de oveja o de cabra (por inmunodifusión radial). 4 (a) Determinación de leche de cabra en leche de oveja (por electroforesis). 4 (b) Determinación de leche de cabra en leche de oveja (por inmunodifusión radial). Queso. 5. Nitratos y nitritos. 6. Determinación de leche de vaca en queso de oveja o de cabra (por electroforesis). 7. Determinación de leche de cabra en queso de oveja (por electroforesis). 8.- Determinación de suero de quesería en leche mediante análisis de los glicoma-cropéptidos por cromatografía líquida de alta eficacia. Año 2020 (1ª Edición). ISBN: 9788412239423.

VALOR NUTRITIVO DE LOS ALIMENTOS.

Autores: A. Madrid y otros. 172 páginas y casi de 100 ilustraciones en blanco y negro y A TODO COLOR.
(Fotografías, dibujos, esquemas, diagramas, tablas con datos de interés). Tamaño: 24 x 17 cm. Peso: 0,5 Kg.
COMENTARIO DEL LIBRO:
El Código Alimentario define los alimentos como todas las sustancias o productos de cualquier naturaleza, sólidos o líquidos, naturales o transformados que, por sus características, aplicaciones, componentes, preparación y estado de conservación, sean susceptibles de ser habitual e idóneamente utilizados en la nutrición humana. Otra definición importante es la de nutrientes, que son las sustancias que llevan los alimentos y que son los que realmente componen al ser vivo, le dan energía,

le preservan de enfermedades, etc. Entre estos nutrientes tenemos como más importantes las proteínas, hidratos de carbono, grasas, sales minerales y vitaminas. Este libro estudia en profundidad la composición de los alimentos y su valor nutritivo. Es un libro interesante para todo el sector alimentario y de la nutrición. Además, puede ser utilizado para la formación, pues al final de cada capítulo se incluyen casos prácticos resueltos como instrumento formativo.

ÍNDICE GENERAL DEL LIBRO:

Capítulo 1. CARACTERIZACIÓN DEL VALOR NUTRICIONAL DE LOS ALIMENTOS. Capítulo 2. COMPOSICIÓN Y PROPIEDADES DE LOS ALIMENTOS. CAPÍTULO 3. VALOR NUTRITIVO DE LOS ALIMENTOS. CAPÍTULO 4. EL GASTO ENERGÉTICO DE LAS PERSONAS. CAPÍTULO 5. ALIMENTOS ANTIOXIDANTES, FUNCIONALES Y TRANSGÉNICOS. Capítulo 6. ADITIVOS EN LOS ALIMENTOS. SOLUCIONES A LOS CASOS PRÁCTICOS.

Año: 2022 (1ª Edición). ISBN: 978-84-124966-4-2.

REFRIGERACIÓN, CONGELACIÓN Y ULTRACONGELACIÓN DE ALIMENTOS.

Autores: A. Madrid y otros. 192 páginas y más de 90 ilustraciones en blanco y negro y A TODO COLOR (fotografías, dibujos, esquemas, diagramas, tablas con datos de interés). Tamaño: 24 x 17 cm. Peso: 0,6 Kg.

COMENTARIO DEL LIBRO:

La conservación de alimentos se puede realizar por diversas técnicas. Unas son de carácter químico, mediante la adición de productos conservantes. Otras son de carácter físico, como el frío y el calor. Dentro de los sistemas de conservación por frío destacan dos técnicas: Refrigeración de los alimentos a temperaturas bajas (de 0 a 10°C), pero siempre por encima de los 0°C que es cuando puede empezar la formación de cristales de hielo. El alimento se puede conservar a estas temperaturas durante varios días. Congelación y ultracongelación de los alimentos a temperaturas de -18°C a -25°C.

El alimento se conserva así durante largos periodos de tiempo (meses e incluso años).

Este libro trata los equipos e instalaciones que se utilizan para producir frío (compresores, evaporadores, condensadores, torres de refrigeración, etc.). Se estudian las propiedades de los fluidos que se utilizan como refrigerantes (amoniaco, salmuera, nitrógeno, dióxido de carbono, etc.). También incluye la tecnología de la refrigeración, congelación y ultracongelación de todo tipo de alimentos (leche y productos lácteos, zumos, carnes, pescados, bebidas refrescantes, frutas, hortalizas, helados, productos de panadería y bollería, ovoproductos, cocinados y precocinados, etc.). Todas las explicaciones se acompañan con diagramas de flujo, gráficos, fotografías en blanco y negro y a todo color, tablas con datos de interés, etc. Se incluyen, en cada capítulo, casos prácticos con soluciones al final del libro para que esta obra pueda ser utilizada como instrumento de formación. Es un libro práctico, concreto, actualizado e incluye las últimas novedades y tecnologías del sector.

ÍNDICE GENERAL DEL LIBRO:

Capítulo 1. CONSERVACIÓN DE ALIMENTOS (CÓDIGO ALIMENTARIO). Capítulo 2. LOS ALIMENTOS. Capítulo 3. COMPOSICIÓN Y VALOR NUTRITIVO DE LOS ALIMENTOS REFRIGERADOS, CONGELADOS Y ULTRACONGELADOS. Capítulo 4. LA REFRIGERACIÓN DE ALIMENTOS. Capítulo 5. LA CONGELACIÓN Y ULTRACONGELACIÓN DE ALIMENTOS. Capítulo 6. EL ENVASADO DE ALIMENTOS EN ATMÓSFERA MODIFICADA. Capítulo 7. REFRIGERACIÓN MEDIANTE EL CICLO DE ABSORCIÓN. Capítulo 8. EL FRÍO MEDIANTE GASES CRIOGÉNICOS. Capítulo 9. ARMARIOS, CÁMARAS Y TÚNELES DE CONGELACIÓN. Anexo 1. NORMA GENERAL RELATIVA A LOS ALIMENTOS ULTRACONGELADOS DESTINADOS A LA ALIMENTACIÓN HUMANA. SOLUCIONES A LOS CASOS PRÁCTICOS.

Año: 2022 (1ª Edición). ISBN: 978-84-124966-3-5.

BIOQUÍMICA DE LA LECHE.

Autores: A, Madrid y otros. 184 páginas, más de 60 ilustraciones A TODO COLOR y en blanco y negro (fotografías, dibujos, cuadros, tablas, gráficos, diagramas, etc.). Tamaño: 24 x 17 cm. Peso: 0,5 Kg.

COMENTARIO DEL LIBRO:

La industria láctea es actualmente una de las más importantes dentro del sector agroalimentario. Este libro trata de poner al día los conocimientos científicos y tecnológicos de la producción de la leche y de los productos lácteos. Para ello se estudia: la bioquímica de la leche y de sus productos derivados (Leche pasteurizada, leche esterilizada, leche enriquecida con omega-3, leche enriquecida con calcio, leche sin lactosa, etc.). Equipos y procesos utilizados en las granjas lecheras y en las industrias lácteas. Todas las explicaciones escritas se acompañan de diagramas de flujo, gráficos, tablas con datos de interés, fotos, etc. Además, se incluyen casos prácticos con las soluciones al final del libro, por lo que esta obra puede ser utilizada como instrumento para la formación de nuevos profesionales del sector.

ÍNDICE GENERAL RESUMIDO:

Capítulo 1. PORTAL LÁCTEO. FAO (ORGANIZACIÓN DE LAS NACIONES UNIDAS PARA LA ALIMENTACIÓN Y LA AGRICULTURA). Capítulo 2. LA LECHE Y LOS PRODUCTOS LÁCTEOS. Capítulo 3. MICROBIOLOGÍA DE LA LECHE Y DE LOS PRODUCTOS LÁCTEOS. Capítulo 4. PRODUCCIÓN DE LECHE EN LAS GRANJAS: ORDEÑO Y REFRIGERACIÓN. Capítulo 5. TRATAMIENTOS DE LA LECHE EN LA INDUSTRIA LÁCTEA. Capítulo 6. PROCESOS DE ESTERILIZACIÓN Y ENVASADO ASÉPTICO. SOLUCIONES DE LOS CASOS PRÁCTICOS.

AÑO 2022 (1ª Edición). ISBN: 978-84-124966-2-8.

MANUAL PRÁCTICO DE HOSTELERÍA Y RESTAURACIÓN. CURSO DE FORMACIÓN.

Autores: A. Madrid y otros. 226 páginas y más de 110 ilustraciones A TODO COLOR y en blanco y negro (fotografías, dibujos, esquemas, tablas con datos de interés, gráficos). Tamaño: 24 x 17 cm. Peso: 0,7 Kg.

COMENTARIO DEL LIBRO:

Dar de comer y beber fuera del hogar, es la misión de la hostelería y la restauración. Para ello, se necesita conocer bien las bebidas y alimentos que se sirven, y mantener siempre una higiene adecuada en su manejo. Los alimentos están compuestos por proteínas, hidratos de carbono, grasas, sales minerales, vitaminas y agua. Todos ellos son compuestos químicos que debe conocer el profesional de la restauración. La higiene es el segundo pilar sobre el que se basa la oferta de alimentos y bebidas en locales públicos. Este libro entra de lleno en estos temas capitales para la hostelería y la restauración. Hay que evitar como sea las intoxicaciones alimentarias, a las que también prestaremos atención en este libro.

A modo de preguntas, esta obra da respuestas completas y concretas, como por ejemplo:

¿Qué es la contaminación cruzada? ¿Qué funciones tienen cada una de las proteínas? ¿Qué es la seguridad alimentaria? ¿Cuáles son las normas básicas de higiene? ¿Qué son los alimentos funcionales? ¿Por qué son tan recomendables las infusiones? ¿Qué son los omega-3? ¿Y los omega-6? Cocer, freír, ahumar, congelar, refrigerar…con sus ventajas e inconvenientes. ¿Es tan mala la comida basura como dicen? Etc.

Un libro de gran interés para restaurantes, cafeterías, bares, empresas de cátering, amantes de la gastronomía, cursos de formación, comedores colectivos, etc.

Año: 2022 (1ª Edición). ISBN: 978-84-124474-2-2.

ALIMENTOS INFANTILES.

Autores: A. Madrid y otros. 170 páginas y más de 60 ilustraciones en blanco y negro (fotografías, dibujos, esquemas, tablas con datos de interés). Tamaño: 24 x 17 cm. Peso: 0,5 Kg.

COMENTARIO DEL LIBRO:

La preparación de alimentos infantiles especiales, sustitutivos de los que normalmente suministra la naturaleza, es un invento del siglo pasado. Los niños en las primeras etapas de su vida necesitan alimentos líquidos en forma muy digestible. Además, necesitan dietas equilibradas compuestas por un conjunto de materias primas que aportan todo lo necesario para el desarrollo (hidratos de carbono, proteínas, grasas, vitaminas, sales minerales, etc.). En este libro se estudian los alimentos infantiles, los equipos utilizados en su producción, su conservación, legislación, etc. Esta obra está ilustrada con tablas, esquemas de flujo, gráficos, fotografías, etc. para una hacer más comprensible y ameno el texto de esta obra. Hay muy poca literatura técnica sobre la tecnología de fabricación de alimentos infantiles, por lo que es un libro casi único y de gran interés para profesionales de la tecnología alimentaria, fabricantes y distribuidores de alimentos infantiles, fabricantes de equipos, laboratorios, dietistas, nutricionistas, médicos, farmacéuticos e incluso para la formación de nuevos profesionales.

ÍNDICE GENERAL DEL LIBRO:

Capítulo 1. ALIMENTOS INFANTILES. Capítulo 2. PRODUCCIÓN DE ALIMENTOS INFANTILES. Capítulo 3. NORMA PARA ALIMENTOS ENVASADOS PARA LACTANTES Y NIÑOS CODEX STAN 73-1981. Capítulo 4. REGLAMENTACIÓN TÉCNICO SANITARIA PARA LA ELABORACIÓN, CIRCULACIÓN Y COMERCIO DE PREPARADOS ALIMENTICIOS PARA REGÍMENES DIETÉTICOS Y/O ESPECIALES. Casos prácticos para formación. Capítulo 5. NORMAS DE HIGIENE DE ELABORACIÓN ENVASADO, ALMACENAMIENTO, TRANSPORTE DISTRIBUCIÓN, MANIPULACIÓN, VENTA, SUMINISTRO Y SERVICIO DE COMIDAS PREPARADAS. Casos prácticos para formación. Capítulo 6. REGLAMENTO DELEGADO (UE) 2016/127

DE LA COMISIÓN de 25 de septiembre de 2015 que complementa el Reglamento (UE) no 609/2013 del Parlamento Europeo y del Consejo. Casos prácticos para formación. ANEXO. RESPUESTAS A LOS CASOS PRÁCTICOS. Año: 2021. ISBN: 978-84-123748-7-2.

HIGIENE, LIMPIEZA Y DESINFECCIÓN EN LA CADENA ALIMENTARIA.

Autores: A. Madrid y otros. 214 páginas y más de 80 ilustraciones A TODO COLOR y en blanco y negro (fotografías, dibujos, esquemas, tablas con datos de interés, gráficos). Tamaño: 24 x 17 cm. Peso: 0,7 Kg.

COMENTARIO DEL LIBRO:

Es muy importante cuidar de la higiene y limpieza en toda la cadena alimentaria para evitar que se produzcan toxiinfecciones. Para elaborar alimentos seguros y de calidad es necesario partir de buenas materias primas, emplear sistemas productivos adecuados, disponer de personal eficiente… y cuidar la higiene y limpieza de equipos y personal. Hace muchos años, el nivel higiénico y de limpieza en la cadena no era nada bueno, lo que provocaba muchos problemas: Toxiinfecciones frecuentes tanto en la población nativa como en los visitantes extranjeros (diarrea del viajero); prohibición de exportar alimentos impuesta por países extranjeros que no se fiaban de la calidad higiénica de los alimentos producidos. Este libro se ocupa del estudio de la higiene, limpieza y desinfección en toda la cadena alimentaria, con especial énfasis en los aspectos microbiológicos de la limpieza y la desinfección. Muchas de las intoxicaciones y enfermedades que padecemos, están producidas por bacterias presentes en los alimentos (Escherichiacoli, Salmonela, Clostridium, etc.), como resultado de una mala higiene en la manipulación de los alimentos.

En definitiva, es un libro que puede ser básico para empresas de desinfección, limpieza, fabricantes de alimentos, técnicos que intervienen en la cadena alimentaria y nuevos profesionales que necesitan de herramientas o de algún libro actualizado para la formación.

ÍNDICE GENERAL DEL LIBRO:

Capítulo 1. LA CADENA ALIMENTARIA. Capítulo 2. LOS MICROORGANISMOS Y LOS ALIMENTOS. Capítulo 3. HIGIENE Y TOXIINFECCIONES ALIMENTARIAS. Capítulo 4. LA CONSERVACIÓN Y MANIPULACIÓN HIGIÉNICA DE ALIMENTOS. Capítulo 5. HIGIENE, LIMPIEZA Y DESINFECCIÓN EN LA CADENA ALIMENTARIA. Capítulo 6. SISTEMAS AUTOMÁTICOS DE LIMPIEZA EN LAS INDUSTRIAS AGROALIMENTARIAS. Capítulo 7. CÓDIGO INTERNACIONAL RECOMENDADO DE PRÁCTICAS Y PRINCIPIOS GENERALES DE HIGIENE DE LOS ALIMENTOS. Capítulo 8. REGLAMENTACIÓN TÉCNICO-SANITARIA PARA LA ELABORACIÓN, CIRCULACIÓN Y COMERCIO DE DETERGENTES Y LIMPIADORES. Capítulo
9. CRITERIOS HIGIÉNICO-SANITARIOS PARA LA PREVENCIÓN Y CONTROL DE LA LEGIONELOSIS. SOLUCIONES A LOS CASOS PRÁCTICOS. Año: 2021. ISBN: 978-84-123093-5-5.

INTOXICACIONES E INFECCIONES DE ORIGEN ALIMENTARIO.

Autores: A. Madrid y otros. 260 páginas y más de 100 ilustraciones (fotografías, dibujos, cuadros, esquemas, tablas con datos de interés, gráficos). Tamaño: 24 x 17 cm. Peso: 0,8 Kg.

COMENTARIO DEL LIBRO:

Una de las vías por las que los microorganismos pueden entrar en nuestro cuerpo, son los alimentos. Son muchas las intoxicaciones y enfermedades que se pueden producir por la ingesta de alimentos contaminados. Por ello es preciso manipular los alimentos de la mejor manera posible. En este libro se estudian las intoxicaciones e infecciones más frecuentes, tales como: salmonelosis, fiebre tifoidea, colitis, listeriosis, botulismo, gangrena gaseosa, disentería, brucelosis, legionelosis, triquinosis, setas tóxicas, etc.

También se dan las recomendaciones básicas en la manipulación de alimentos para evitar toxiinfecciones de origen alimentario. Además, se incluye legislación relativa a la legionelosis, zoonosis, toxicidad de las setas, etc. Otra característica importante de este libro es la gran cantidad de ilustraciones que tiene: esquemas, diagramas de flujo, tablas con datos de interés, gráficos, fotografías, etc. Esto ayuda a una mejor comprensión de las explicaciones escritas. Al final de cada capítulo se incluyen casos prácticos con las soluciones al final del libro, por lo que además se puede utilizar como libro de apoyo para la formación. Podríamos decir que estamos ante una "obra básica" para todo aquél que esté relacionado con estos temas (médicos, fabricantes de alimentos, distribuidores, organismos oficiales, nutricionistas, facultades de farmacia, tecnología de los alimentos, etc.).

ÍNDICE GENERAL DEL LIBRO:

Capítulo 1. LOS ALIMENTOS Y LOS MICROORGANISMOS. Capítulo 2. LAS BACTERIAS. Capítulo 3. LAS LEVADURAS. Capítulo 4. LOS MOHOS. Capítulo 5. VIRUS. Capítulo 6. INTOXICACIONES Y ENFERMEDADES DE ORIGEN ALIMENTARIO PROVOCADAS POR MICROORGANISMOS. Capítulo 7. INTOXICACIONES POR PARÁSITOS. Capítulo 8. ENVENENAMIENTO POR METALES PESADOS. Capítulo 9. HIGIENE, LIMPIEZA Y DESINFECCIÓN EN LA CADENA ALIMENTARIA. Capítulo 10. SISTEMAS AUTOMÁTICOS DE LIMPIEZA EN LAS INDUSTRIAS AGROALIMENTARIAS. Capítulo 11. TRIQUINELOSIS. Capítulo 12. CAMPILOBACTERIOSIS. Capítulo 13. VIGILANCIA DE LA ZOONOSIS Y DE LOS AGENTES ZOONÓTICOS. Capítulo 14. CRITERIOS HIGIÉNICO-SANITARIOS PARA LA PREVENCIÓN Y CONTROL DE LA LEGIONELOSIS. Capítulo 15. CONDICIONES SANITARIAS PARA LA COMERCIA-LIZACIÓN DE SETAS PARA USO ALIMENTARIO. SOLUCIONES A LOS CASOS PRÁCTICOS. Año: 2021. ISBN: 978-84-123748-1-0.

ETIQUETADO NUTRICIONAL Y COMPOSICIÓN DE LOS ALIMENTOS.

Autores: A. Madrid y otros. 250 páginas y más de 100 ilustraciones (fotografías, dibujos, diagramas de flujo, esquemas, tablas con datos de interés, gráficos). Tamaño: 24 x 17 cm. Peso: 0,8 Kg.

COMENTARIO DEL LIBRO:

Dentro de la cultura general de los seres humanos está el conocimiento de las características de los alimentos.

Así, todos decimos que el tocino es un alimento muy rico en grasas.

O que la carne es muy rica en proteínas. O que la miel y las mermeladas son muy ricas en azúcares. O que los zumos y las frutas son muy ricos en vitaminas y sales minerales. La sandía y el melón tienen mucha agua. Etc.

Con lo dicho en el párrafo anterior ya podemos establecer la composición básica de los alimentos: proteínas, grasas (incluyen los aceites), hidratos de carbono (incluyen los azúcares), sales minerales (calcio, fósforo, hierro, potasio, etc.), vitaminas (A, B, C, D, E), agua.

Todos esos componentes son los que deben aparecer en el etiquetado nutricional. También se debe indicar el valor energético de los alimentos y los aditivos añadidos.

En este libro se estudian cada uno de estos componentes en todo tipo de alimentos. Los consumidores son cada vez más exigentes y quieren saber lo que están comprando. Por ello, los profesionales del sector agroalimentario deben dar toda la información posible sobre los productos que ofrecen al mercado. Dicha información debe ser veraz y completa. Es lo que conocemos como "etiquetado nutricional".

Otra característica importante de este libro es la gran cantidad de ilustraciones que tiene: esquemas, diagramas de flujo, tablas con datos de interés, gráficos, fotos, ejercicios prácticos, etc. Esto ayuda a una mejor comprensión de las explicaciones escritas y la utilización de esta obra para cursos de formación.

ÍNDICE DEL LIBRO:

Año: 2021 (1ª Edición). ISBN: 978-84-123093-7-9.

ANÁLISIS DE PELIGROS Y PUNTOS CRÍTICOS DE CONTROL (APPCC) EN LAS INDUSTRIAS AGROALIMENTARIAS.

Autores: A. Madrid y otros. 224 páginas y más de 100 ilustraciones A TODO COLOR y en blanco y negro (fotografías, dibujos, diagramas de flujo, esquemas, tablas con datos de interés, gráficos). Tamaño: 24 x 17 cm. Peso: 0,6 Kg.

COMENTARIO DEL LIBRO:

Para conseguir alimentos seguros que no provoquen intoxicaciones en los consumidores, hay que extremar las medidas de higiene y seguridad en las industrias agroalimentarias. De ahí surgió la necesidad de prevenir riesgos en la elaboración de los alimentos, vigilando todas las etapas de manipulación y tratamiento. El sistema APPCC (Análisis de Peligros y Puntos Críticos de Control), nos ayuda a prevenir todos los riesgos físicos, químicos y biológicos en la cadena alimentaria.

En este libro, además, al final de cada capítulo se incluyen casos prácticos, con las soluciones en las páginas finales. Así se puede utilizar esta obra para cursos de formación. El sistema APPC está muy relacionado con la seguridad alimentaria y la trazabilidad, por lo que se estudian ambos conceptos también en un capítulo final. Es un libro de gran interés para empresas y profesionales de la agroalimentación, fabricantes de equipos, laboratorios, cursos de formación, tecnólogos de alimentos, universidades, institutos de enseñanza secundaria, organismos oficiales, etc.

ÍNDICE GENERAL DEL LIBRO:

Capítulo 1. El sistema de análisis y puntos críticos de control (APPCC). Capítulo 2. Norma de calidad del yogur para facilitar la implantación del sistema APPCC. Capítulo 3. Norma de calidad para los quesos y quesos fundidos para facilitar el APPCC. Capítulo 4. Indicaciones de calidad del Queso Manchego para facilitar el APPCC. Capítulo 5. Norma de calidad para determinados tipos de leche conservada parcial o totalmente deshidratada destinados a la alimentación humana. Denominaciones de venta y definición de los productos. Capítulo 6. Normas de calidad para las caseínas y caseinatos alimentarios, para facilitar el APPCC. Capítulo 7. Norma de calidad de la cuajada. Para ayudar a implantar el sistema APPCC. Capítulo 8. Indicaciones de calidad de la leche pasteurizada para la correcta aplicación del sistema APPCC. Capítulo 9. Indicaciones de calidad de la leche esterilizada UHT para la correcta aplicación del sistema APPCC. Capítulo 10. Indicaciones de calidad del envasado aséptico de la leche para la correcta aplicación del sistema APPCC. Capítulo 11. Normas de calidad de la nata para la aplicación del sistema APPCC. Capítulo 12. Indicaciones de calidad de la mantequilla para la aplicación del sistema APPCC. Capítulo 13. Indicaciones de calidad de los derivados cárnicos para implementar el APPCC. Capítulo 14. Norma de calidad para la carne, el jamón, la paleta y la caña de lomo ibérico. Para facilitar el APPCC. Capítulo 15. Especificaciones del pescado y productos de la pesca para facilitar el APPCC. Capítulo

16. Seguridad alimentaria y nutricional. Trazabilidad. Soluciones a los casos prácticos.
Año: 2021 (1ª Edición). ISBN: 978-84-123093-8-6.

NORMAS E INDICACIONES DE CALIDAD DE LOS ALIMENTOS.

Autores: A. Madrid y otros. 368 páginas y más de 115 ilustraciones A TODO COLOR y en blanco y negro (fotografías, dibujos, diagramas de flujo, esquemas, tablas con datos de interés, gráficos). Tamaño: 24 x 17 cm. Peso: 0,9 Kg.

COMENTARIO DEL LIBRO:

Los profesionales del sector agroalimentario deben conocer a fondo los productos con los que trabajan.

Lo mismo se puede decir de los profesores y alumnos de tecnología de los alimentos.

En este libro se describen una serie de normas e indicaciones de calidad de gran número de alimentos: Lácteos, cárnicos, pescados, frutas y hortalizas, conservas vegetales, aceites, cervezas, aceitunas de mesa, ovoproductos, azúcares, miel, mermeladas, harinas, panadería y bollería, turrones, mazapanes, productos de confitería, zumos de frutas, salsas, café, cacao, chocolate, té, caramelos, chicles, etc.

La información que damos no tiene valor jurídico, aunque en muchos casos se ha buscado apoyo en la legislación sobre estos alimentos.

Es importante reseñar que es un libro muy ilustrado con diagramas de flujo de la manipulación, elaboración y etiquetado de los productos, tablas con datos de interés, fotos, etc. Esto ayuda a una mejor comprensión de las explicaciones escritas, y hace que sea muy apropiado para profesionales y cursos de formación. Cada capítulo incluye casos prácticos con las soluciones al final del libro, lo que ayuda a la comprensión del texto y pueden utilizarse para la formación.

Podríamos decir que estamos ante una "obra básica" para todo técnico o todo aquél que quiera ser un profesional en el campo de la agroalimentación.

ÍNDICE GENERAL DEL LIBRO:

Año: 2021. ISBN: 978-84-123748-0-3.

MANUAL TÉCNICO DE LAS INDUSTRIAS ALIMENTARIAS (DOS TOMOS).

Autores: A. Madrid y otros. 738 páginas (total los 2 tomos) y más de 400 ilustraciones en blanco y negro y en COLOR (fotografías, dibujos, diagramas de flujo, esquemas, tablas con datos de interés, gráficos). Tamaño: 24 x 17 cm. Peso total de los 2 tomos: 2 Kg.

COMENTARIO DEL LIBRO:

La fabricación de alimentos ha mejorado en los últimos años gracias a muchos factores, tales como: la trazabilidad, el uso de materiales higiénicos como el acero inoxidable, el desarrollo de nuevos productos, el control de la producción, la seguridad alimentaria, aditivos inocuos, etc. Un factor muy importante en la mejora de la producción de alimentos, son las instalaciones y equipos de las industrias alimentarias.

Ahora tenemos bombas, homogeneizadores, pasteurizadores, esterilizadores, filtros, tamices, centrífugas, evaporadores, secadores, depósitos, envasadoras, congeladores, instalaciones frigoríficas, etc., muy eficientes, de diseño muy higiénico, de bajo consumo energético, etc. Todos estos equipos se estudian a fondo en esta obra amplísima y detallada en dos tomos. Se dedican capítulos a la leche y los productos lácteos, la carne y sus productos derivados, el pescado y derivados, conservas, aceites y grasas, vinos, cervezas, bebidas alcohólicas de alta graduación, bebidas refrescantes, café, cacao, chocolate, zumos, mermeladas, alimentos preparados, miel, azúcar, etc. Es un libro de gran interés para las industrias agroalimentarias, tecnólogos de alimentos, fabricantes de equipos, cursos de formación, organismos oficiales, etc,

ÍNDICE GENERAL DEL LIBRO:

ÍNDICE TOMO 1.

Capítulo 1. LA LECHE Y LOS PRODUCTOS LÁCTEOS. Capítulo 2. LOS PRODUCTOS LÁCTEOS. Capítulo 3. EL YOGUR Y EL KÉFIR. Capítulo 4. EL QUESO. Capítulo 5. LOS HELADOS. Capítulo 6. EL AGUA. Capítulo 7. CARNES Y EMBUTIDOS. Capítulo 8. EL

PESCADO Y SUS PRODUCTOS DERIVADOS. Capítulo 9. HUEVOS Y OVOPRODUCTOS. Capítulo 10. LA PATATA Y SUS PRODUCTOS DERIVADOS. Capítulo 11. ALIMENTOS INFANTILES Y ALIMENTOS PREPARADOS. Capítulo 12. AZÚCARES. Capítulo 13. MERMELADAS Y JALEAS. Capítulo 14. LA MIEL. Capítulo 15. CONSERVAS VEGETALES. Capítulo 16. BEBIDAS REFRESCANTES Y ENERGÉTICAS. Capítulo 17. PRODUCTOS DE PANADERÍA. Capítulo 18. ZUMOS, NÉCTARES Y SALSA KETCHUP. ÍNDICE DEL TOMO 2. Capítulo 19. PRODUCTOS DE BOLLERÍA, PASTELERÍA, GALLETAS, CARAMELOS, CHICLES, ETC. Capítulo 20. ACEITES Y GRASAS. Capítulo 21. EL CAFÉ. Capítulo 22. ELABORACIÓN Y TIPOS DE CACAO. Capítulo 23. EL CHOCOLATE. Capítulo 24. TÉ Y DERIVADOS. Capítulo 25. BEBIDAS ALCOHÓLICAS DE ALTA GRADUACIÓN. Capítulo 26. LOS CEREALES Y LAS HARINAS. Capítulo 27. LA CERVEZA. Capítulo 28. FRUTOS SECOS. Capítulo 29. CONDIMENTOS Y ESPECIAS. Capítulo 30. LA VID Y EL VINO. Capítulo 31 EQUIPAMIENTO EN LAS INDUSTRIAS ALIMENTARIAS. Capítulo 32. HIGIENE, LIMPIEZA Y DESINFECCIÓN EN LA CADENA ALIMENTARIA. Capítulo 33. LAS INSTALACIONES FRIGORÍFICAS EN LAS INDUSTRIAS ALIMENTARIAS. Capítulo 34. TRATAMIENTO DE AGUAS RESIDUALES DE LAS INDUSTRIAS AGROALIMEN-TARIAS.

Año: 2021 (1ª Edición). ISBN: 978-84-123093-6-2.

TRAZABILIDAD Y SEGURIDAD ALIMENTARIA.
Autores: A. Madrid y otros. 210 páginas y más de 90 ilustraciones en blanco y negro y algunas en COLOR (fotografías, dibujos, diagramas de flujo, esquemas, tablas con datos de interés, gráficos). Tamaño: 24 x 17 cm. Peso: 0,7 kilogramos.
COMENTARIO DEL LIBRO:
Se define trazabilidad alimentaria como "posibilidad de identificar el origen y las diferentes etapas de un proceso de producción y distribución de bienes de consumo". De igual forma, seguridad alimentaria sería "situación que existe cuando todas las personas tienen, en todo momento, acceso físico, social

y económico a alimentos suficientes, inocuos y nutritivos que satisfacen sus necesidades energéticas diarias y preferencias alimentarias para llevar una vida activa y sana".

En este libro se tratan ambos conceptos, en todo tipo de alimentos desde el punto de vista técnico y profesional (lácteos, cárnicos, pescados, aceites y grasas, zumos, productos de panadería, etc.). Se incluye también el APPCC (Análisis de Peligros y Puntos Críticos de Control), que nos ayudan a prevenir todos los riesgos físicos, químicos y biológicos en la cadena alimentaria.

Además, se dedica un capítulo a los aditivos alimentarios, ya que son una forma de garantizar la seguridad alimentaria, sobre todo, en los países que no disponen de sistemas adecuados de conservación de los alimentos.

Es un libro de gran interés para empresas y profesionales de la agroalimentación, fabricantes de equipos, laboratorios, organismos oficiales, cursos de formación, tecnólogos de alimentos, universidades, etc.

Al final de cada capítulo se incluyen unos casos prácticos, con las soluciones al final del libro.

Así se puede dar utilidad a esta obra para la formación de nuevos profesionales.

ÍNDICE GENERAL DEL LIBRO:

CAPÍTULO 1. SEGURIDAD ALIMENTARIA Y NUTRICIONAL. Capítulo 2. LA TRAZABILIDAD. Capítulo 3. EL SISTEMA DE ANÁLISIS Y PUNTOS CRÍTICOS DE CONTROL. Capítulo 4. INSEGURIDAD ALIMENTARIA. Capítulo 5. LA HIGIENE Y LA SEGURIDAD ALIMENTARIA. CAPÍTULO 6. LOS ADITIVOS EN LOS ALIMENTOS Y BEBIDAS. CAPÍTULO 7. ALIMENTOS ANTIOXIDANTES, FUNCIONALES Y TRANSGÉNICOS. Capítulo 8. LOS MICROBIOS Y LA SEGURIDAD ALIMENTARIA. Capítulo 9. DOCUMENTO DE LA FAO SOBRE LA SEGURIDAD ALIMENTARIA Y NUTRICIONAL. SOLUCIONES A LOS CASOS PRÁCTICOS.

Año: 2021 (1ª Edición). ISBN: 978-84-123093-9-3.

LA LECHE Y LOS PRODUCTOS LÁCTEOS: COMPOSICIÓN Y PROCESADO.

Autores: A. Madrid y otros.

316 páginas y más de 100 ilustraciones (fotografías, dibujos, diagramas de flujo, esquemas, tablas con datos de interés, gráficos). Tamaño: 24 x 17 cm. Peso: 1 Kg.

COMENTARIO DEL LIBRO:

La leche y los productos lácteos, son alimentos muy arraigados en la cultura alimenticia mundial. Cada uno de ellos tiene características propias que los hacen únicos (mantequilla, yogur, queso, leche en polvo, leche condensada, leche evaporada, leche pasteurizada, leche UHT, leche esterilizada, nata, etc.). En este libro se estudian su composición, propiedades, métodos de elaboración, equipos e instalaciones de las industrias lácteas, últimas novedades tecnológicas del sector, normativa, etc. Para facilitar la comprensión de las explicaciones escritas, se incluyen gran cantidad de ilustraciones, tales como diagramas de flujo, tablas con datos de interés, gráficos, fotos, etc. También se incluyen unos anexos con legislación y normas de calidad. Además, al final de cada capítulo se insertan casos prácticos con soluciones al final del libro. Este libro es de gran interés para las industrias lácteas, cursos de formación, fabricantes de equipos, universidades, laboratorios, organismos oficiales, tecnólogos de alimentos, etc.

ÍNDICE GENERAL DEL LIBRO:

CAPÍTULO 1. LA LECHE Y LOS PRODUCTOS LÁCTEOS. Capítulo 2. PRODUCCIÓN DE LA LECHE EN LAS GRANJAS. Capítulo 3. RECEPCIÓN DE LA LECHE EN LA CENTRAL LECHERA. Capítulo 4, TRATAMIENTOS DE LA LECHE. Capítulo 5. SISTEMAS DE ESTERILIZACIÓN DE LA LECHE. Capítulo 6. EL ENVASADO ASÉPTICO. Capítulo 7. LA NATA. Capítulo 8. LA MANTEQUILLA. Capítulo 9. LECHES CONCENTRADAS. Capítulo 10. LA LECHE EN POLVO. Capítulo 11. EL YOGUR Y EL KÉFIR. Capítulo 12. LOS POSTRES LÁCTEOS. Capítulo 13. EL QUESO. Capítulo 14. VARIEDADES DE QUESOS. Capítulo 15. EL QUESO MANCHEGO.

Capítulo 16. EL QUESO IDIAZABAL. Capítulo 17. QUESOS CAMENBERT Y CABRALES. Capítulo 18. EL LACTOSUERO. Capítulo 19. SISTEMAS AUTOMÁTICOS DE LIMPIEZA EN LAS INDUSTRIAS AGROALIMENTARIAS. Capítulo 20. NORMA DE CALIDAD DEL YOGUR. Capítulo 21. NORMA DE CALIDAD PARA QUESOS. Capítulo 22. NORMA DE CALIDAD DE LA CUAJADA. RESPUESTAS A LOS CASOS PRÁCTICOS. Año: 2021 (1ª Edición). ISBN: 978-84-123093-2-4.

BROMATOLOGÍA. CIENCIA DE LOS ALIMENTOS.

Autores: A. Madrid y otros. 304 páginas y más de 185 ilustraciones A TODO COLOR y en blanco y negro (fotografías, dibujos, diagramas de flujo, esquemas, tablas con datos de interés, gráficos). Tamaño: 24 x 17 cm. Peso: 1,100 Kg.

COMENTARIO DEL LIBRO:

En esta obra se presentan los conocimientos más actuales relativos a la composición de los alimentos, sus propiedades, valor nutritivo, gasto energético de las personas, aditivos en los alimentos, el etiquetado nutricional, el peso de las personas, los alimentos funcionales, los transgénicos, los antioxidantes, los ácidos grasos omega-3, los probióticos y prebióticos, la seguridad alimentaria, la trazabilidad, etc. Otra característica importante de este libro, es la gran cantidad de ilustraciones que tiene: esquemas, diagramas de flujo, tablas con datos de interés, gráficos, fotos, etc. Esto ayuda a una mejor comprensión de las explicaciones escritas. Es el único libro actual con tema concreto de Bromatología, ya que no hay libros sobre este tema en español. Es muy interesante como libro de consulta para industrias alimentarias, ingenierías, laboratorios, centros de formación y universidades.

ÍNDICE GENERAL DEL LIBRO:

CAPÍTULO 1. LOS ALIMENTOS. Capítulo 2. COMPOSICIÓN DE LOS ALIMENTOS. Capítulo 3. LAS PROTEÍNAS. Capítulo 4. LOS LÍPIDOS. Capítulo 5. HIDRATOS DE CARBONO. Capítulo 6. SALES MINERALES. Capítulo 7. LAS VITAMINAS. Capítulo 8. VALOR

NUTRITIVO DE LOS ALIMENTOS. Capítulo 9. EL ETIQUETADO NUTRICIONAL. Capítulo 10. EL GASTO ENERGÉTICO DE LAS PERSONAS. Capítulo 11. ALIMENTOS ANTIOXIDANTES, FUNCIONALES Y TRANSGÉNICOS. Capítulo 12. LOS ADITIVOS. Capítulo 13. SEGURIDAD ALIMENTARIA Y NUTRICIONAL. TRAZABILIDAD. Capítulo 14. EL SISTEMA DE ANÁLISIS DE PELIGROS Y PUNTOS CRÍTICOS DE CONTROL. Capítulo 15. MICROBIOLOGÍA DE LOS ALIMENTOS. Capítulo 16. INTOXICACIONES Y ENFERMEDADES DE ORIGEN ALIMENTARIO PROVOCADAS POR MICROORGANISMOS. Capítulo 17. INTOXICACIONES POR PARÁSITOS. Capítulo 18. HIGIENE, LIMPIEZA Y DESINFECCIÓN EN LA CADENA ALIMENTARIA. Año: 2021. ISBN: 978-84-123093-0-0.

MICROBIOLOGÍA DE LOS ALIMENTOS. CURSO DE FORMACIÓN.

Autores: A. Madrid y otros.

230 páginas y más de 100 ilustraciones (fotografías, dibujos, diagramas de flujo, esquemas, tablas con datos de interés, gráficos). Tamaño: 24 x 17 cm. Peso: 0,7 Kg.

COMENTARIO DEL LIBRO:

La microbiología es la ciencia que estudia los seres vivos de dimensiones muy pequeñas, conocidos como microbios o microorganismos. Dentro de ese grupo, unos microbios se consideran beneficiosos y otros perjudiciales. Por ejemplo, hay bacterias que se utilizan para la fabricación, de yogur, queso, vino, cerveza, etc., tales como el Estreptoccocusthermophilus, Lactobacillus bulgaricus, Saccharomyces cerevisiae, etc. Por el contrario, hay otros que provocan enfermedades e intoxicaciones, tales como las bacterias coliformes, samonela, listeria, clostridium, etc. En este libro se estudian bacterias, levaduras, mohos y virus, su estructura, sus tipos, sus aplicaciones, las intoxicaciones y problemas que pueden producir. El caso de los virus es muy especial como estamos viendo con el Covid-19 y también se tratan, ya que son un problema en algunas industrias agroalimentarias.

Esta obra lleva el subtítulo de "curso de formación", porque se puede utilizar como base para cursos de microbiología alimentaria. Se incluyen casos prácticos resueltos que pueden ayudar mucho en la labor pedagógica para comprender los conceptos. En general, es un libro de gran utilidad para todos los profesionales de la alimentación, laboratorios, organismos oficiales, centros de enseñanza de tecnología alimentaría y microbiología, etc.

ÍNDICE GENERAL DEL LIBRO:

Capítulo 1. MICROBIOLOGÍA DE LOS ALIMENTOS. Capítulo 2. LAS BACTERIAS. Capítulo 3. LAS LEVADURAS. Capítulo 4. LOS MOHOS. Capítulo 5. VIRUS. Capítulo 6. TÉCNICAS DE SIEMBRA E IDENTIFICACIÓN EN MICROBIOLOGÍA DE ALIMENTOS. Capítulo 7. INTOXICACIONES Y ENFERMEDADES DE ORIGEN ALIMENTARIO PROVOCADAS POR MICROORGANISMOS. Capítulo 8. INTOXICACIONES POR PARÁSITOS. Capítulo 9. HIGIENE, LIMPIEZA Y DESINFECCIÓN EN LA CADENA ALIMENTARIA. Capítulo 10. SISTEMAS AUTOMÁTICOS DE LIMPIEZA EN LAS INDUSTRIAS AGROALIMENTARIAS. Capítulo 11. EQUIPOS UTILIZADOS EN LOS ANÁLISIS MICROBIOLÓGICOS. Capítulo 12. MÉTODOS DE ANÁLISIS MICROBIOLÓGICOS. Capítulo 13. Principios y directrices para la aplicación de la evaluación de riesgos microbiológicos según la FAO. Anexo 1. Reglamento 2073/2005 de la Comisión, relativo a los criterios microbiológicos aplicables a los productos alimenticios. Anexo 2. RESPUESTAS A LOS CASOS PRÁCTICOS.

Año: 2021. ISBN: 978-84-122394-7-8.

TECNOLOGÍA DE LA LECHE Y LOS PRODUCTOS LÁCTEOS.

Autores: A. Madrid y otros. 386 páginas, más de 200 ilustraciones (fotografías, dibujos, cuadros, tablas, gráficos, diagramas, diseños, proyectos, etc.).

COMENTARIO DEL LIBRO:

Este libro está preparado para cursos de formación en tecnología de la leche y demás lácteos (queso, mantequilla, nata, leche condensada, leche en polvo, yogur, kéfir, helados, etc.). En esta extensa obra se estudian todos los tratamientos y procesos de fabricación a los que se someten la leche y demás lácteos tales como: refrigeración, higienización, homogeneización, desaireación, tamizado, pasteurización, esterilización, concentración, congelación, envasado aséptico, etc. Se estudian también los equipos e instalaciones que se necesitan en los procesos de elaboración: bombas, depósitos, válvulas, tuberías, intercambiadores de calor, instalaciones frigoríficas, equipos de control, pasteurizadores, torres de esterilización, sistemas de esterilización UHT, máquinas para el envasado, evaporadores, atomizadores, secadores de leche fluido, cámaras frigoríficas, túneles de congelación, etc.

ÍNDICE GENERAL RESUMIDO:

Capítulo 1. LA LECHE Y LOS PRODUCTOS LÁCTEOS. Capítulo 2. MICROBIOLOGÍA DE LA LECHE Y DE LOS PRODUCTOS LÁCTEOS. Capítulo 3. PRODUCCIÓN DE LECHE EN LAS GRANJAS: ORDEÑO Y REFRIGERACIÓN. Capítulo 4. TRATAMIENTOS DE LA LECHE EN LA INDUSTRIA LÁCTEA. Capítulo 5. PROCESOS DE ESTERILIZACIÓN Y ENVASADO ASÉPTICO. Capítulo 6. PROCESADO DE LA NATA Y LA MANTEQUILLA. Capítulo 7. FABRICACIÓN DE LECHE EVAPORADA, LECHE CONCENTRADA Y LECHE CONDENSADA. Capítulo 8. FABRICACIÓN DE YOGUR Y KÉFIR. Capítulo 9. FABRICACIÓN DE POSTRES LÁCTEOS. Capítulo 10. FABRICACIÓN DEL QUESO. Capítulo 11. EL LACTOSUERO Y SUS APROVECHAMIENTOS. Capítulo 12. HELADOS, GRANIZADOS Y HORCHATAS. Capítulo 13. LA LIMPIEZA Y DESINFECCIÓN EN LA INDUSTRIA LÁCTEA. SOLUCIONES A LOS CASOS PRÁCTICOS.

AÑO 2022 (1ª Edición). ISBN: 978-84-125544-7-2.

DICCIONARIO DE TÉRMINOS LÁCTEOS.

Autores: A. Madrid y otros.198 páginas, más de 80 ilustraciones A TODO COLOR y en blanco y negro (fotografías, dibujos, cuadros, tablas, gráficos, diagramas, etc.).

COMENTARIO DEL LIBRO:

Este libro va dirigido a estudiantes, profesores y profesionales de todo el sector lácteo. Se trata de exponer de forma clara la terminología usada en el sector lácteo. Es importante para no cometer errores a la hora de redactar proyectos, documentos técnicos, libros de instrucciones, artículos de investigación, etc. Además está ilustrado con gran cantidad de esquemas, diagramas, tablas, gráficos, fotografías, etc., para facilitar la comprensión de las explicaciones escritas. A través de estos términos, esta obra presenta los conocimientos más actuales relativos a la composición de la leche y los productos lácteos, sus propiedades, instalaciones de transformación, equipos, plantas auxiliares, etc. Podríamos decir que estamos ante una "obra básica" para todo el sector de las industrias lácteas e ideal alumnos y nuevos profesionales que se quieran incorporar a este sector.

ÍNDICE GENERAL RESUMIDO:

Orden alfabético de todos los términos desde BACTERIAS, BACTERIAS (AEROBIAS Y ANAEROBIAS) hasta YOGUR PASTEURIZADO.

Incluye por cada término, explicación, dibujos, fotografías ilustrativas, esquemas en los casos necesarios, tablas y cuadros.

AÑO 2022 (1ª Edición). ISBN: 978-84-125544-3-4.

MANUAL DE INDUSTRIALIZACIÓN DE LOS PRODUCTOS DE LA AGRICULTURA Y LA GANADERÍA.

Autores: A. Madrid y otros.

374 páginas y casi de 120 ilustraciones (fotografías, dibujos, esquemas, diagramas, tablas con datos de interés).

COMENTARIO DEL LIBRO:

La agricultura y la ganadería la realizan individuos y sociedades que después venden sus producciones a otras empresas que se encargan de transformar, industrializar y comercializar las elaboraciones. Desgraciadamente, el beneficio económico está más en la transformación y venta de los productos, que en su producción.

Es decir, el industrial y el distribuidor ganan mucho más que el agricultor y el ganadero. En muchos países, los agricultores y ganaderos se unen para defender sus intereses, pero sin llegar a las etapas finales de industrialización y comercialización. Hay algún ejemplo, como el caso de Dinamarca, donde los ganaderos se unen (todos los del país), para en vez de vender su leche a las industrias, crear ellos sus propias factorías donde la leche se transforma en quesos, yogures, leche en polvo, leche UHT, etc. Este caso se puede reproducir en otros países, siendo este libro una gran ayuda para estos dos sectores: la agricultura y la ganadería. Esta obra estudia la industrialización de los productos de la agricultura y la ganadería, tales como leche, quesos, yogur, helados, carnes, embutidos, vinos, bebidas alcohólicas, aceites, pescados, zumos, mermeladas, miel, huevos y derivados, conservas vegetales, etc. Se estudian uno a uno los diferentes productos y sus sistemas de producción. Se hace de una forma técnica pero asequible, de forma que agricultores y ganaderos encuentren en este libro una fuente de información para unirse y adentrarse en el mundo de la industrialización y comercialización de los productos que ellos obtienen. Al final de cada capítulo se incluyen unos casos prácticos, con sus soluciones, de gran ayuda para utilizarlo como instrumento de formación en cualquier ámbito.

ÍNDICE GENERAL DEL LIBRO:

14. FRUTOS SECOS. Capítulo 15. CONDIMENTOS Y ESPECIAS. SOLUCIONES A LOS CASOS PRÁCTICOS.
Año: 2022 (1ª Edición). ISBN: 978-84-124966-5-9.

CURSO DE FORMACIÓN EN TECNOLOGÍA DE LOS ALIMENTOS.

Autores: A. Madrid y otros.
418 páginas y más de 220 ilustraciones en blanco y negro y A TODO COLOR (fotografías, dibujos, esquemas, diagramas, tablas con datos de interés).

COMENTARIO DEL LIBRO:

Dada la importancia del sector de la alimentación, es esencial la publicación de una obra completa como esta para la formación en tecnología de los alimentos. Este libro está dirigido a estudiantes, profesores de tecnología de los alimentos, profesionales del sector agroalimentario que deseen tener un libro actualizado, general y de consulta. El libro consta de una parte teórica y otra práctica. En la parte teórica se presentan los conocimientos más actuales relativos a los alimentos, su composición, propiedades, su valor nutritivo, los aditivos en los alimentos, el etiquetado nutricional, alimentos funcionales, transgénicos, antioxidantes, ácidos grasos omega-3, prebióticos, prebióticos, la seguridad alimentaria y nutricional, trazabilidad, sistemas APPCC, etc. También se hace un estudio individualizado de cada alimento: leche, queso, yogur, carnes, embutidos, pescados, mariscos, grasas, aceites, zumos, mermeladas, huevos, harinas, chocolate, salsas, frutos secos, etc. En la parte práctica, se estudian los equipos y técnicas de elaboración y envasado de todo tipo de alimentos: pasteurización, esterilización, bombeo, refrigeración, congelación, evaporación, secado, liofilización, filtración, homogeneización, ahumado, salazón, etc.

ÍNDICE GENERAL DEL LIBRO:

Capítulo 1. LOS ALIMENTOS. Capítulo 2. ALIMENTOS ANTIOXI-DANTES, FUNCIONALES Y TRANSGÉNICOS. Capítulo 3. EL ETIQUETADO NUTRICIONAL. Capítulo 4. LOS ADITIVOS. Capítulo

5. SEGURIDAD ALIMENTARIA. TRAZABILIDAD. Capítulo 6. EL SISTEMA DE ANÁLISIS DE PELIGROS Y PUNTOS CRÍTICOS DE CONTROL. Capítulo 7. LA LECHE. Capítulo 8. LOS PRODUCTOS LÁCTEOS. Capítulo 9. LOS HELADOS. Capítulo 10. CARNES Y PRODUCTOS CÁRNICOS. Capítulo 11. EL PESCADO Y SUS PRODUCTOS DERIVADOS. Capítulo 12. HUEVOS Y OVOPRODUCTOS. Capítulo 13. MERMELADAS, JALEAS Y MIEL. Capítulo 14. ZUMOS, NÉCTARES Y SALSA KETCHUP. Capítulo 15. PRODUCTOS DE BOLLERÍA, PASTELERÍA, GALLETAS, CARAMELOS, CHICLES, ETC. Capítulo 16. ACEITES Y GRASAS. Capítulo 17. CAFÉ, CACAO, CHOCOLATE Y TÉ. Capítulo 18. FRUTOS SECOS. Capítulo 19. CONDIMENTOS Y ESPECIAS. Capítulo 20. EQUIPAMIENTO EN LAS INDUSTRIAS ALIMENTARIAS. SOLUCIONES A LOS EJERCICIOS PRÁCTICOS.

Año: 2022 (1ª Edición). ISBN: 978-84-124966-9-7.